ニュートン式
超図解
最強に面白い!!
プレミアム

確率

はじめに

海水浴に行ったら、泳ぐべきなのか、泳ぐべきではないのか。宝くじは、買ったほうがいいのか、買わないほうがいいのか。「Re：報酬150万円は受け取りましたか？」というタイトルのメールは、開封すべきなのか、開封すべきではないのか。

もちろん、どちらを選択するのも自由です。でも、この先どんなことがどれくらいおきそうなのかが事前にわかったら、選択をする際の参考になると思いませんか？　そんなとき役に立つのが、「確率」です。確率は、ある出来事がどれくらいおきそうなのかを、数字であらわしたものです。つまり確率を理解すれば、より合理的な選択ができる可能性が高くなるのです！

本書は、2019年4月に発売された、最強に面白い!!『確率』の、プレミアム版です。興味深い具体例とともに、確率を楽しく学べる1冊です。〝最強に〝面白い話題をたくさんそろえましたので、どなたでも楽しく読み進めることができます。前半の「最強の雑学編」と後半の「最強の教科書編」、どちらから読んでもかまいません。日々の生活の中で役に立つことが、きっとみつかるはずです。確率の世界を、どうぞお楽しみください！

ニュートン式 超図解 最強に面白い!!

プレミアム

確率

最強の雑学編

第1章 オドロキの確率

第2章 ギャンブルの確率

第3章 まちがいやすい確率

第4章 身近で活躍する確率

最強の教科書編

第5章 確率の超基本

第6章 大数の法則と期待値

場合の数

期待値

最強の雑学編

第1章 オドロキの確率

世の中には、さまざまな確率があります。第1章では、「こんな確率が計算されているのか！」というものや、「イメージとちがった！」という意外な確率など、オドロキの確率を紹介します。

01

雷に打たれる確率は、1年間に「851万3500分の1」

アメリカでは、約122万2000分の1

近年、ゲリラ豪雨が猛威を振るっており、雷に恐怖することも多いのではないでしょうか。**アメリカの海洋大気庁（NOAA）は、雷に打たれる確率が1年間に約122万2000分の1と計算しています。**アメリカでは、2009年から2018年の10年間で、雷による死傷者数が毎年平均270人でした。これを2019年の予想人口の3億3000万人で割って求めたものです。

1年間に14・8人が雷に打たれている

この計算方法に、日本の統計をあてはめてみましょう。警察庁が発表している「警察白書」によると、2000年〜2009年の10年間で、落雷による死者・行方不明者と負傷者を合わせた人数は148人でした。平均すると、1年間で14・8人になります。現在の日本の総人口は、1億2600万人です。計算すると、下の①のようになります。

日本で雷に打たれる確率は、1年間に約851万3500分の1ということです。アメリカよりは、低い確率になっています。

①14.8 ÷ 1億2600万 ≒ $\frac{1}{851万3500}$

雷に打たれる確率の計算

アメリカの海洋大気庁（NOAA）は、落雷による10年間の年平均死傷者数を総人口で割って、1年間に雷に打たれる確率を求めています。同様に、日本の統計を用いて計算しました。

計算式

14.8 ÷ 1億2600万 ≒ $\frac{1}{851万3500}$

計算の意味

落雷による10年間の年平均死傷者数 ÷ 総人口
＝1年間に雷に打たれる確率

02

巨大隕石で死ぬ確率は、「3万2400分の1」

50万年に1度の衝突で、15億人が死亡

ときおり、隕石のニュースを見ることがあります。隕石によって、死亡することはあるのでしょうか。アメリカのサウスウエスト研究所のクラーク・チャップマン博士が、1994年に発表した「小惑星と彗星による地球への影響：危険性の評価」という論文では、次のように計算されています。

まず論文では、世界で15億人が死亡するような巨大隕石の衝突が、50万年に一度おきると想定しています。

1年あたりで考えると、死亡者数は15億人÷50万年＝3000人となります。次に、この3000人を世界の人口（※1）で割ることによって、この隕石で1人が1年間に死亡する確率を求めています。それが約130万分の1です。

そして、この隕石で1人が一生の間に死亡する確率は、約130万分の1に当時の世界の平均寿命である65歳をかけて、約2万分の1と計算しています。

現在の世界の人口と平均寿命で計算

チャップマン博士の計算方法に、現在の世界の人口70億人と、現在の世界の平均寿命72歳をあてはめると、下の①のようになります。

$$①（15億÷50万）÷70億×72 ≒ \frac{1}{3万2400}$$

※1：論文には、世界の人口を何人で計算したのかは記されていません。

巨大隕石で死ぬ確率の計算

巨大隕石が人間に直接ぶつかるのではなく、人々が衝突の衝撃に巻き込まれるケースを考えています。50万年に1度の巨大隕石で、15億人が死亡すると想定しています。

計算式

$$(15億 \div 50万) \div 70億 \times 72 \fallingdotseq \frac{1}{3万2400}$$

計算の意味

巨大隕石による1年あたりの死亡者数÷世界の人口×平均寿命＝一生の間に巨大隕石で死ぬ確率

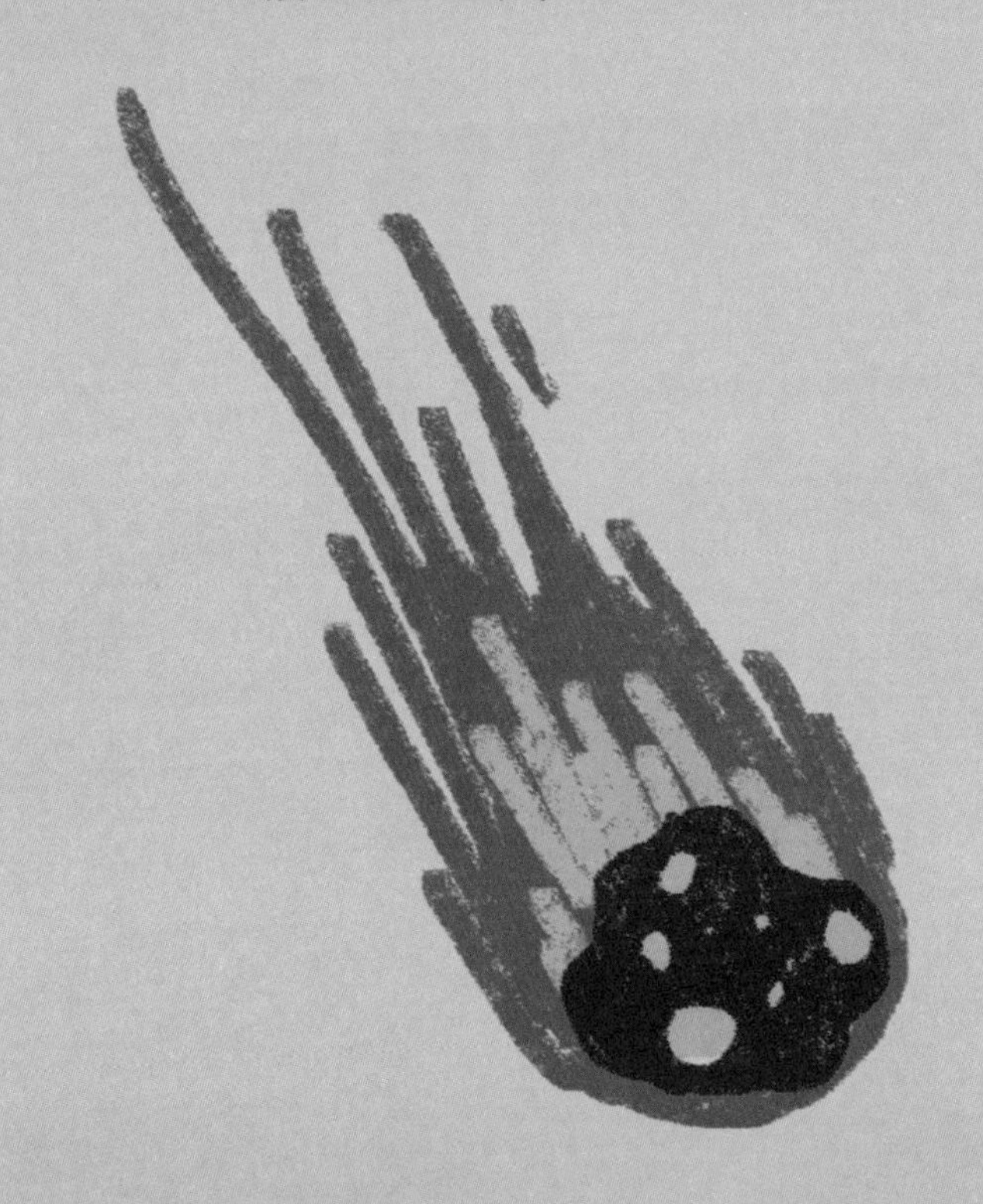

日本は、世界2位の隕石保有国

隕石といえば、日本はなんと世界第2位の隕石保有国です。世界的にみて小さな島国の日本に、こんなに多くの隕石があるなんて、意外ですよね。

実は日本の隕石は、日本の観測隊が南極で発見したものです。その数は、2010年の時点で、約1万7000個です。日本の観測隊は、1969年から南極で隕石を採集しています。1974～1975年の観測では、10日間で663個の隕石を発見しました。当時は、世界中で発見された隕石の総数が約2500個だったことから、大きな話題となりました。

なぜ、日本の観測隊がこれほど多くの隕石を発見できたのかというと、観測地の「やまと山脈」が、隕石の集まる場所だからです。隕石は氷に覆われた南極に落ちると、普通は長い時間をかけて、流動する氷とともに海に流れ落ちます。ところがやまと山脈の近くに落ちた隕石は、やまと山脈よってせき止められ、たまっていきます。これが、日本が世界第2位の隕石保有国である理由なのです。

Column

危険な小惑星「ベンヌ」

太陽系には、確率は高くないものの、将来地球に衝突する危険性のある天体が存在します。「PHA（Potentially Hazardous Asteroid）」とよばれる小惑星のグループです。**2022年12月5日時点で、PHAの中で最も危険と考えられているのが、直径およそ490メートルの小惑星「ベンヌ」です。**

NASA（アメリカ航空宇宙局）の2021年8月12日の発表によると、ベンヌが地球に衝突する確率は、2300年までに1750分の1（0.057%）と考えられています。**衝突の危険が高い期間は2178年～2290年で、最も危険な2182年9月24日は、衝突する確率が2700分の1（0.037%）と計算されています。**

ベンヌが地球に衝突する確率は、高くはありませんけれど、けっして無視できるものではありません。今後ベンヌの軌道が変わる可能性もあり、監視がつづけられています。

Column

ベンヌが地球に衝突した場合、生物を絶滅させるような気候変動はおきないものの、
陸地では直径数キロメートル程度のクレーターができる可能性があります。

03

火事にあう確率は、1年間に「1426分の1」

1日に108件の火事がおきている

日本では、1年間に4万件近い火事がおきています。消防庁の発表によると、2017年の総出火件数は、3万9373件です。**単純に365日で割ると、1日に約108件の火災がおきていることになります。**そう考えると、火事にあう確率は、非常に高そうに感じます。実際に確率を求めてみましょう。

1年間の総出火件数と世帯数を使って計算

火事にあう確率は、総出火件数を世帯数で割ることによって求めることができます。1年間の総出火件数は3万9373件で、世帯数は5615万3341世帯（2018年1月1日時点）です。したがって、下の①となります。**1年間に火事にあう確率は、1426分の1ということです。**

ちなみに、消防庁によると火災で損害を受けた建物の数を示す焼損棟数は、3万824棟です。1日あたり84・4棟が何らかの火災被害を受けているということです。出火原因の1位はたばこ、2位は放火、3位はこんろとなっています。

①3万9373 ÷ 5615万3341 ≒ $\frac{1}{1426}$

火事にあう確率の計算

火事にあう確率は、出火件数を世帯数で割って求めます。自分の家が火事になるかどうかを考えるために、人口の数ではなく世帯数で割ります。

計算式

3万9373 ÷ 5615万3341 ≒ $\frac{1}{1426}$

計算の意味

2017年の総出火件数÷世帯数
＝1年間に火事にあう確率

04

交通事故にあう確率は、一生の間に「5分の1」

一生の間に事故にあわない確率を計算

一生の間に交通事故にあう確率は、どのように計算できるでしょうか。最初に、1年間の交通事故死傷者数を日本の総人口で割り、1年間に交通事故にあう確率を計算します。**次に、1からその確率を引いて、1年間に交通事故にあわない確率を計算します（この計算の考え方の解説は、128〜131ページ）。**そしてこの確率を日本人の平均寿命の年数分累乗して、一生の間に交通事故にあわない確率を計算します。最後に、1からその確率を引けば、一生の間に交通事故にあう確率が求められます。

1年間の交通事故死傷者数は、約36万人

では実際に、一生の間に交通事故にあう確率を求めてみましょう。警察庁の発表によると、2021年の交通事故死傷者数は、約36万人でした。日本の総人口は約1億2600万人、日本の平均寿命は約85歳です。一生の間に交通事故にあわない確率は、下の①のように計算できます。**1からこの確率を引き算すると0.21588…となり、一生の間に交通事故にあう確率は、およそ$\frac{1}{5}$と計算できます。**

$$①\ (1-36万\div1億2600万)^{85}=0.78411\cdots$$

交通事故にあう確率の計算

一生の間に交通事故にあう確率は、1年間の交通事故死傷者数、日本の総人口、日本の平均寿命のデータを使って計算できます。一生の間に交通事故にあわない確率を計算し、1からその確率を引きます。

計算式

$$1-(1-36万\div1億2600万)^{85}=0.21588\cdots\fallingdotseq\frac{1}{5}$$

計算の意味

$$1-(1-1年間の交通事故死傷者数\div日本の総人口)^{日本の平均寿命}$$
$$=1-(1-1年間に交通事故にあう確率)^{日本の平均寿命}$$
$$=1-(1年間に交通事故にあわない確率)^{日本の平均寿命}$$
$$=1-一生の間に交通事故にあわない確率$$
$$=一生の間に交通事故にあう確率$$

05

サメに襲われて死ぬ確率は、「407万5000分の1」

2003年のデータでは、374万8000分の1

海水浴を楽しんでいると、巨大なホオジロザメに襲われる…。これは、映画の中だけの話なのでしょうか。**アメリカのフロリダ州自然史博物館によると、アメリカでサメに襲われて死亡する確率は、374万8000分の1と計算されています。**

この確率は、2003年のデータをもとに計算されたものです。まず、2003年にサメに襲われて死亡した人は、1人でした。これを、2003年のアメリカの総人口2億9085万人で割り、2003年に生まれた人の平均余命77・6歳をかけて求めています。

2015年のデータでは、確率が低くなった

この計算にのっとって、2015年の数値で確率を求めてみましょう。**2015年もサメに襲われて死亡した人は、1人でした。2015年のアメリカの総人口は3億2074万人で、2015年生まれの人の平均余命は78・7歳です。**計算すると、下の①のようになります。

2003年とくらべると、確率は低くなりました。

①$1 \div 3億2074万 \times 78.7 \fallingdotseq \frac{1}{407万5000}$

サメの襲撃で死ぬ確率の計算

1年間にサメに襲われて死亡した人数を、その年のアメリカの総人口で割ります。さらに、その年に生まれた人の平均余命をかけて求めます。

計算式

$$1 \div 3億2074万 \times 78.7 \fallingdotseq \frac{1}{407万5000}$$

計算の意味

1年間にサメに襲われて死亡した人数÷その年のアメリカの総人口×その年に生まれた人の平均余命＝一生の間にサメに襲われて死ぬ確率

日本の危険生物

日本でも、海水浴場などでサメが目撃されることはあります。しかし、死亡事故はあまり聞かれません。日本には、どんな生き物による死亡事故があるのでしょうか。

厚生労働省の「人口動態調査」には、死因の分類の一つに、「交通事故以外の不慮の事故」という項目があります。さらにこの項目の中には、「いろいろな生き物による咬傷や接触」という項目があります。**その中で死亡者数が最も多いのは、「スズメバチ、ジガバチ及びミツバチとの接触」です。2017年の死亡者数は13人で、1984年には過去最多の73人が亡くなっています。**

ニュースなどでは、クマの目撃情報がよく紹介されます。環境省の発表によると、2016年度には、クマに襲われて4人が亡くなっています。一方、厚生労働省からは、フグによる食中毒の統計が発表されています。2008年には、フグによる食中毒で3人が亡くなっています。

Column

日本における生物が原因の死者数

生物	死者数	時期
ハチ	13人	2017年
クマ	4人	2016年度
フグ	3人	2008年

06

生涯未婚率は、男「23・4％」、女「14・1％」

50歳の時点で、一度も結婚していない人の割合

生涯未婚率の値は、総務省による平成27年の国勢調査では、男性が23・4％、女性が14・1％でした。生涯未婚率は、どのように求められているのでしょうか。

〝生涯〟未婚率と聞くと、文字通り一生涯にわたって結婚しなかった人の割合と解釈するかもしれません。**しかし実際には、50歳の時点で一度も結婚していない人の割合を、生涯未婚率とよんでいます。**

45〜49歳と50〜54歳の平均

国勢調査では、配偶関係について、「未婚、有配偶、死別、離別」のいずれかを調べます。その結果をもとに、男女別に5歳きざみで未婚率が計算されています。

たとえば男性の未婚率は、45〜49歳が25・9％、50〜54歳が20・9％です。女性の未婚率は、45〜49歳が16・1％、50〜54歳が12・0％です。**そして45〜49歳の未婚率と50〜54歳の未婚率の平均が、生涯未婚率となります。**計算すると、下の①と②の通りです。

①男性…（25.9 + 20.9）÷ 2 = 23.4

②女性…（16.1 + 12.0）÷ 2 ≒ 14.1

生涯未婚率の計算

生涯未婚率は、50歳の時点での未婚率です。45～49歳の未婚率と50～54歳の未婚率を、平均して求めます。

計算式

男性：（25.9 + 20.9）÷ 2 = 23.4
女性：（16.1 + 12.0）÷ 2 ≒ 14.1

計算の意味

（45～49歳の未婚率 + 50～54歳の未婚率）÷ 2
≒ 50歳の時点の未婚率 = 生涯未婚率

寿司にお金を使う地域は？

国勢調査を行っている総務省統計局は、さまざまな調査を行っています。ニュースなどでよく話題になるものとしては、物価の変動をあらわす消費者物価指数や、失業の状況を示す完全失業率などがあります。

統計局は、こうした"かたい"調査ばかりでなく、寿司に最もお金をかける地域のランキングという、かわった調査も行っています。都道府県庁所在地と政令指定都市の、2人以上の世帯を対象にした家計調査の一環で、調べられました。

調査によると、1位は金沢市、2位は岐阜市、3位は福井市でした。1位の金沢市と3位の福井市は日本海に面した北陸の都市なので納得です。しかし、海のない内陸に位置する岐阜市が2位というのは、意外な結果ではないでしょうか。

ちなみに岐阜市は、喫茶代のランキングで、喫茶店の朝食メニューが豪華なことで知られる名古屋市をおさえて、1位になっています。

Column

寿司の外食にかける費用ランキング

順位	地域	金額
1	金沢市	2万3123円
2	岐阜市	2万 813円
3	福井市	2万 551円
4	宇都宮市	1万9663円
5	甲府市	1万9384円
6	静岡市	1万9229円
7	札幌市	1万8725円
8	名古屋市	1万7972円
9	川崎市	1万7572円
10	山形市	1万7258円
	全国	1万4693円

注：総務省統計局の「家計調査（二人以上の世帯）、品目別都道府県庁所在地及び政令指定都市ランキング」より（2015年〜2017年平均）

07

じゃんけんでパーが勝つ確率は、「35%」

33・3%ずつにはならない!?

じゃんけんの出し手は、グー、チョキ、パーの三つです。それぞれの手の勝つ確率は、1回勝負の場合、33・3%ずつと考えるのが普通でしょう。**しかしパーが勝つ確率は、35%でほかの手よりも高いという統計データがあります。**これは、桜美林大学の芳沢光雄教授が、725人の学生を集めて、1万1567回のじゃんけんを行った結果です。じゃんけんの出し手は、グーが4054回、パーが3849回、チョキが3664回でした。パー、チョキ、グーが勝つ確率を計算すると、①～③のようになります。

グーの形は作りやすく、力強いイメージ

ちなみに、日本じゃんけん協会という団体も、最初はグーが出る可能性が高いとしています。確率論にもとづくものではありませんが、グーの形が最もつくりやすいこと、力強いイメージで勝利を連想しやすいことなどを理由としてあげています。

①グーが出る確率
＝パーが勝つ確率
＝4054 ÷ 11567
≒ 35％

②パーが出る確率
＝チョキが勝つ確率
＝3849 ÷ 11567
≒ 33%

③チョキが出る確率
＝グーが勝つ確率
＝3664 ÷ 11567
≒ 32%

じゃんけんで勝つ確率の計算

実際に行った1万1567回のじゃんけんの結果をもとに計算しています。それぞれの手が出た回数を総回数の1万1567で割って、確率を求めました。

計算式

グーが出る確率＝パーが勝つ確率＝4054÷11567≒35％
パーが出る確率＝チョキが勝つ確率＝3849÷11567≒33%
チョキが出る確率＝グーが勝つ確率＝3664÷11567≒32%

計算の意味

それぞれの手が出る確率＝それぞれの手に勝つ手が勝つ確率
＝それぞれの手が出た回数÷じゃんけんの総回数

08

くじ引きの最初と最後、あたる確率は「同じ」

最初は、はずれが多い？

50枚のくじの中に、あたりが1枚あるとします。49枚ははずれです。このとき、いちばん最初にくじを引く人と、いちばん最後の50番目にくじを引く人とでは、あたる確率はちがうのでしょうか。最初のうちははずれが多いので、あたる確率は低そうに感じます。逆に最後のほうになれば、はずれは減っているので、あたる確率は高そうです。**しかし実際には、最初でも最後でも確率はかわりません。**

はずれる確率も考える

ポイントは、あたる確率だけでなく、はずれる確率も考えることです。50人目がくじを引くには、49人目まではずれなければなりません。1人目であたる確率は、50枚のうちの一つなので、$\frac{1}{50}$です。2人目があたる確率は、1人目がはずれて2人目であたる確率なので、下の①となり、計算すると$\frac{1}{50}$になります。最後の50人目は、49人目まではずれて50人目であたる確率なので、②となり、やはり$\frac{1}{50}$になります。くじを引く順番が最初でも最後でも、確率はかわらないのです。

① $\frac{49}{50} \times \frac{1}{49}$

② $\frac{49}{50} \times \frac{48}{49} \times \frac{47}{48} \times \cdots \times \frac{1}{2} \times \frac{1}{1}$

くじ引きであたる確率の計算

2人目があたる確率は、1人目がはずれる確率と2人目があたる確率をかけ合わせて求めます。3人目以降があたる確率も、同じように計算でき、すべて$\frac{1}{50}$になります。

計算式

1人目があたる確率＝$\frac{1}{50}$

2人目があたる確率＝$\frac{49}{50}\times\frac{1}{49}=\frac{1}{50}$

≀

50人目があたる確率＝$\frac{49}{50}\times\frac{48}{49}\times\frac{47}{49}\times\cdots\times\frac{1}{2}\times\frac{1}{1}=\frac{1}{50}$

計算の意味

1人目があたる確率＝1人目であたる確率

2人目があたる確率＝1人目がはずれる確率×2人目があたる確率

≀

50人目があたる確率＝49人目まではずれる確率×50人目があたる確率

09

30人クラスで同じ誕生日のペアがいる確率は、「70%」

全員の誕生日がことなる確率を、1から引く

同じクラスに自分と同じ誕生日の人がいたら、「すごい偶然！」と感じますか？ 確率を計算してみましょう。たとえば、生徒が30人のクラスで、2月29日生まれを考慮せず、1年を365日とします。**1組でも誕生日が一致している確率は、全員の誕生日がことなる確率を求めて、1からその確率を引くことでを求められます（この計算の考え方の解説は、124～127ページ）。**

「すごい偶然！」というほどではない

まず1人目の誕生日は、どの日でもよいので365通りです。2人目の誕生日は、1人目の誕生日以外なので、365－1＝364通りです。3人目は、1人目と2人目の誕生日以外なので、365－2＝363通りです。このように考えると、30人の誕生日がすべてことなる組み合わせは、下の①となります。

この①を、生徒30人の誕生日のすべての組み合わせ「365^{30}」で割ると、30人の誕生日がすべてことなる確率が求められます。計算すると約0・3です。**したがって、1組でも誕生日が一致している確率は②なので、約70％です。**「すごい偶然！」というほどではないでしょう。

①365 × 364 × 363 ×……×（365 － 29）

②1 － 0.3 = 0.7

誕生日が一致する確率の計算

1組みでも誕生日が一致している確率は、1から全員の誕生日がことなる確率を引くことで求められます。下のグラフは、クラスの人数と、1組みでも誕生日が一致している確率の関係です。人数が23人をこえると、確率は50％をこえます。

計算式

$$1-\frac{365\times364\times363\times\cdots\times(365-29)}{365^{30}}\fallingdotseq0.7$$

計算の意味

1－（30人の誕生日がすべてことなる組み合わせ）／（30人の誕生日のすべての組み合わせ）

＝1－全員の誕生日がことなる確率

＝1組みでも誕生日が一致している確率

クラスの人数と、1組みでも誕生日が一致している確率の関係

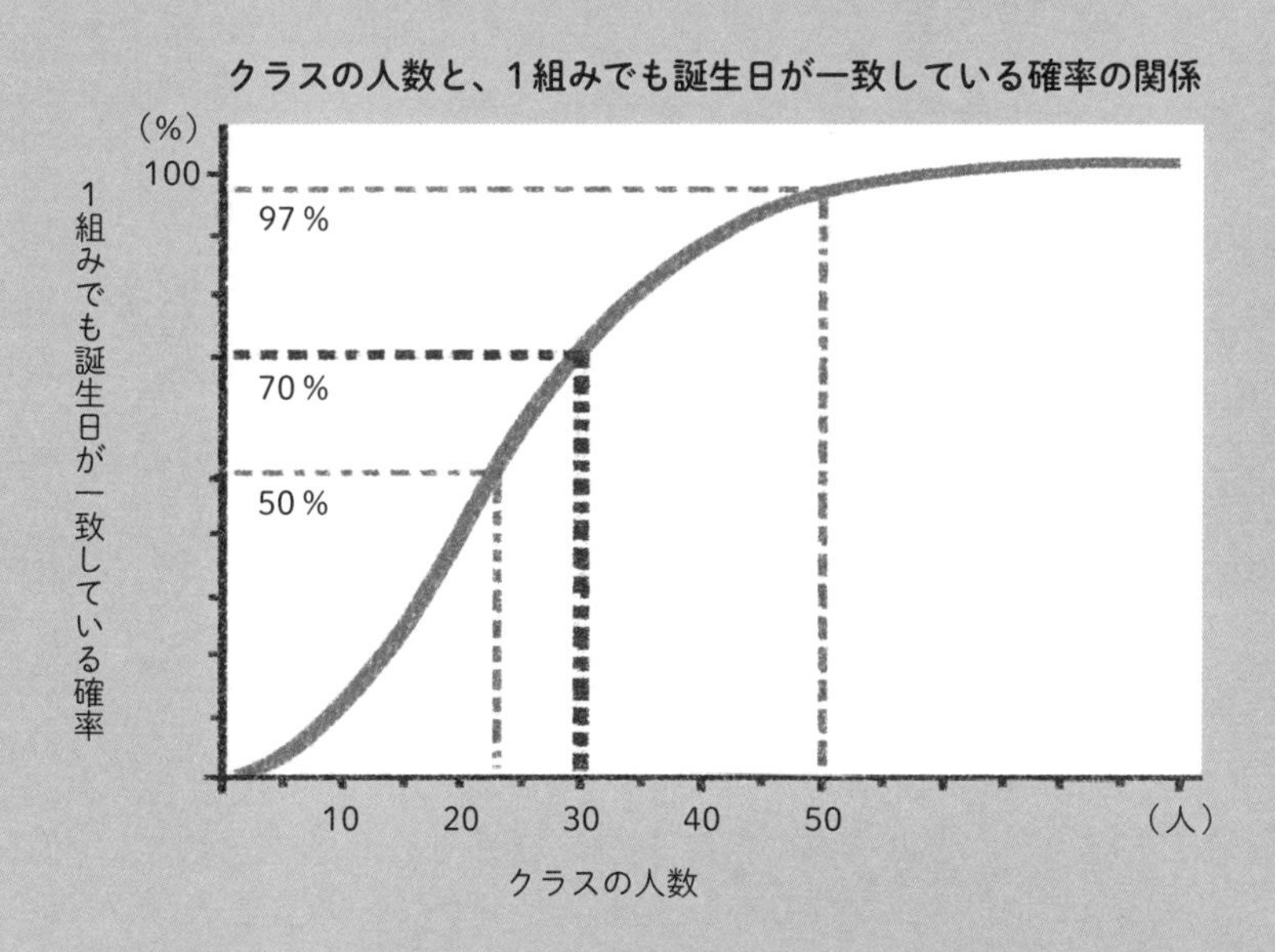

10

乗客300名の飛行機に、医師がいる確率は「56％」

乗客300人を乗せた飛行機内で急病人が発生

フライト中の飛行機の機内で急病人が発生し、客室乗務員が「この中にお医者様はいらっしゃいますか！」と慌てて乗客に声をかける場面を、テレビドラマなどで見たことのある人もいるでしょう。**乗客300人を乗せた飛行機内で急病人が発生したとすると、医師が乗り合わせている確率は、どのくらいあるでしょうか。**

だれも医師ではない確率を計算

乗客すべてが日本人と仮定して、2020年の数値をもとに、少なくとも1人の医師が乗り合わせている確率を求めます。日本の医師の総数33万9623人を、日本の総人口1億2600万人で割ると、ある日本人が医師である確率は約0・27％とわかります。乗客300人がだれも医師ではない確率は、下の①と計算できます。**したがって、少なくとも1人の医師が乗り合わせている確率は、②となり、56％です。**

①$(1-0.0027)^{300} \fallingdotseq 0.44$

②$1-0.44=0.56$

機内に医師がいる確率の計算

少なくとも1人の医師が乗り合わせている確率は、日本の医師の総数、日本の総人口のデータを使って計算できます。乗客300人がだれも医師ではない確率を計算し、1からその確率を引きます。

計算式

1－（1－33万9623人÷1億2600万人）^{300} ≒ 0.56

計算の意味

1－（1－日本の医師の総数÷日本の総人口）^{乗客300人}

＝1－（1－ある日本人が医師である確率）^{乗客300人}

＝1－（ある日本人が医師ではない確率）^{乗客300人}

＝1－乗客300人がだれも医師ではない確率

＝少なくとも1人の医師が乗り合わせている確率

11

1%の確率のガチャ、100回はずれは「36・6%」

確率1%なら、100回に1回はあたる？

スマートフォンのゲームでは、ガチャとよばれる抽選方式によって、キャラクターやアイテムなどが手に入ります。いわゆる〃レア度〃ごとに手に入る確率が設定されており、レア度の高いものは確率1%ということがあります。1%ということは、100回引けば1回はあたりそうだと直感的に思うでしょう。はたしてそうでしょうか。

確率が1%でかわらないガチャを100回引いて、すべてはずれる確率を計算してみましょう。1回目がはずれる確率は、$\frac{99}{100}$で99%です。2回連続ではずれる確率は、下の①で、約98%です。**そして100回連続ではずれる確率は、②で、計算すると約36・6%になります。**

① $(\frac{99}{100})^2$

② $(\frac{99}{100})^{100}$

カプセルトイなら確実にあたる

なぜこのような、直感との差が生まれるのでしょうか。ゲームではなく、100個のカプセルが入ったカプセルトイを想像してください。あたりは一つだけです。1回引いてはずれると中のはずれが減るので、2回目はあたる確率が高まります。そして、100回引けば確実に1回あたります。**しかし、スマホゲームではははずれが減らないので、100回連続ではずれる確率があるのです。**

ガチャではずれる確率の計算

スマホゲームの場合、1回目でも2回目でも確率は$\frac{99}{100}$でかわりません。そのため、連続ではずれる場合を考えるときは、$\frac{99}{100}$を回数分だけかけ合わせるのです。

計算式

1回目ではずれる確率＝$\frac{99}{100}=99\%$

2回連続ではずれる確率＝$\left(\frac{99}{100}\right)^2 \fallingdotseq 98\%$

⋮

100回連続ではずれる確率＝$\left(\frac{99}{100}\right)^{100} \fallingdotseq 36.6\%$

計算の意味

1回目ではずれる確率＝1回引いてはずれる確率

2回連続ではずれる確率＝（1回引いてはずれる確率）^{2回}

⋮

100回連続ではずれる確率＝（1回引いてはずれる確率）^{100回}

12

日本シリーズが最終戦までもつれる確率は、「31％」

実力が互角なら、第7戦までもつれるはず？

プロ野球の「日本シリーズ」は、セ・リーグとパ・リーグの覇者が、日本一をかけて争う試合です。7試合制で対戦し、どちらかのチームが先に4勝すれば決着します。実力が互角の場合、最終戦の第7戦までもつれこむ確率は、どれくらいでしょうか？　セ・パの両チームとも1戦ごとに勝つ確率は50％で、負ける確率も50％とします。

一方のチームが4勝2敗で優勝する勝敗パターンは、左の上の表のように、10通りあります。それぞれの勝敗パターンとなる確率は、下の①です。**10通りが2チーム分あるので、「4勝2敗で決着がつく確率」は、②です。**

「4勝2敗」とまったく同じ確率に

これに対して、一方のチームが4勝3敗で優勝する勝敗パターンは、左の下の表のように、20通りあります。**求める確率は、③となります。**意外かもしれませんが、「4勝3敗で決着がつく確率」は、「4勝2敗で決着がつく確率」とまったく同じです。実力が互角だからといって、第7戦までもつれこむ可能性が高いわけではないのです。

①$0.5^6 = 0.015625 = 1.5625\,\%$

②$1.5625 \times 10 \times 2 = 31.25\,\%$

③$0.78125 \times 20 \times 2 = 31.25\,\%$

日本シリーズの確率の計算

実力を互角と仮定したときの、「4勝2敗で優勝する確率」と「4勝3敗で優勝する確率」の計算結果です。計算過程はちがっても、結果的に同じ確率になることがわかります。

セのチームが「4勝2敗」で優勝する場合（全10通り）

	第1戦	第2戦	第3戦	第4戦	第5戦	第6戦	確率
1.	○	○	○	×	×	○	$0.5^6 = 0.015625$
2.	○	○	×	○	×	○	$0.5^6 = 0.015625$
3.	○	○	×	×	○	○	$0.5^6 = 0.015625$
4.	○	×	○	○	×	○	$0.5^6 = 0.015625$
5.	○	×	○	×	○	○	$0.5^6 = 0.015625$
6.	○	×	×	○	○	○	$0.5^6 = 0.015625$
7.	×	○	○	○	×	○	$0.5^6 = 0.015625$
8.	×	○	○	×	○	○	$0.5^6 = 0.015625$
9.	×	○	×	○	○	○	$0.5^6 = 0.015625$
10.	×	×	○	○	○	○	$0.5^6 = 0.015625$

1.5625％×10通り×2チーム＝31.25％

セのチームが「4勝3敗」で優勝する場合（全20通り）

	第1戦	第2戦	第3戦	第4戦	第5戦	第6戦	第7戦	確率
1.	○	○	○	×	×	×	○	$0.5^7 = 0.0078125$
2.	○	○	×	○	×	×	○	$0.5^7 = 0.0078125$
3.	○	○	×	×	○	×	○	$0.5^7 = 0.0078125$
4.	○	○	×	×	×	○	○	$0.5^7 = 0.0078125$
5.	○	×	○	○	×	×	○	$0.5^7 = 0.0078125$
6.	○	×	○	×	○	×	○	$0.5^7 = 0.0078125$
7.	○	×	○	×	×	○	○	$0.5^7 = 0.0078125$
8.	○	×	×	○	○	×	○	$0.5^7 = 0.0078125$
9.	○	×	×	○	×	○	○	$0.5^7 = 0.0078125$
10.	○	×	×	×	○	○	○	$0.5^7 = 0.0078125$
11.	×	○	○	○	×	×	○	$0.5^7 = 0.0078125$
12.	×	○	○	×	○	×	○	$0.5^7 = 0.0078125$
13.	×	○	○	×	×	○	○	$0.5^7 = 0.0078125$
14.	×	○	×	○	○	×	○	$0.5^7 = 0.0078125$
15.	×	○	×	○	×	○	○	$0.5^7 = 0.0078125$
16.	×	○	×	×	○	○	○	$0.5^7 = 0.0078125$
17.	×	×	○	○	○	×	○	$0.5^7 = 0.0078125$
18.	×	×	○	○	×	○	○	$0.5^7 = 0.0078125$
19.	×	×	○	×	○	○	○	$0.5^7 = 0.0078125$
20.	×	×	×	○	○	○	○	$0.5^7 = 0.0078125$

0.78125％×20通り×2チーム＝31.25％

13

確率で考える、ベストな結婚相手の選び方

最良のAさんと結婚するには？

もし一生のうちに、10人と順番に交際できるとしたら、いつ結婚しますか？ 10人の中には、最良の結婚相手Aさんがいます。ただし、交際中の相手がAさんなのかはわからず、一度別れた相手とは結婚できません。そこで、何人かと交際して無条件で別れ、その後、過去に交際した人よりも魅力的な人があらわれた時点で結婚するとします。

3人目まで無条件に別れる

たとえば、1人目と無条件で別れる場合、1人目がAさんだったとしたら、Aさんと結婚できる確率はゼロです。1人目の交際相手が2番目によいBさんだったなら（確率$\frac{1}{10}$）、それ以降でBさんより魅力的な人はAさんしかいないので、Aさんが何番目にあらわれたとしてもAさんと結婚できます（確率$\frac{1}{1}$）。その確率は、$\frac{1}{10}\times\frac{1}{1}$と計算できます。1人目の交際相手が3番目によいCさんだったなら（確率$\frac{1}{10}$）、それ以降BさんよりAさんが先にあらわれれば（確率$\frac{1}{2}$）、Aさんと結婚できます。その確率は、$\frac{1}{10}\times\frac{1}{2}$です。

計算をつづけると、1人目と無条件で別れた後にAさんと結婚できる確率は、左の式のように約28%となります。そのほかは表のようになり、確率がもっとも高いのは、3人目まで無条件に別れた後です。

Aさんと結婚できる確率の計算

無条件に別れる人数と、その後にAさんと結婚できる確率を表にまとめました。無条件に別れる人数が3人のときが、最も高い確率です。

最良のAさんと結婚できる確率
（表の下に示した計算式は、1人目と無条件で別れ、その後Aさんと結婚できる確率の計算式です。）

無条件に別れる人数	0人	1人	2人	3人	4人	5人	6人	7人	8人	9人
確率	10%	約28.3%	約36.6%	約39.9%	約39.8%	約37.3%	約32.7%	約26.5%	約18.9%	10%

⋮

1人目と無条件で別れた後にAさんと結婚できる確率の計算式

$$0+\left(\frac{1}{10}\times\frac{1}{1}\right)+\left(\frac{1}{10}\times\frac{1}{2}\right)+\left(\frac{1}{10}\times\frac{1}{3}\right)+\left(\frac{1}{10}\times\frac{1}{4}\right)+\left(\frac{1}{10}\times\frac{1}{5}\right)$$
$$+\left(\frac{1}{10}\times\frac{1}{6}\right)+\left(\frac{1}{10}\times\frac{1}{7}\right)+\left(\frac{1}{10}\times\frac{1}{8}\right)+\left(\frac{1}{10}\times\frac{1}{9}\right)\fallingdotseq 0.283(=28.3\%)$$

最強の雑学編

第2章 ギャンブルの確率

確率論は、ギャンブルとともに発展しました。第2章では、ルーレットやポーカーなどの、ギャンブルに関する確率について紹介します。また、ギャンブルの歴史も、コラムで取り上げます。

01

ルーレットの偶数賭けがあたる確率は、「47％」

偶数でも奇数でもない0と00がある

ギャンブルといえばカジノ、カジノといえばルーレットを思い浮かべる人も多いのではないでしょうか。アメリカ式のルーレットでは、盤面に1～36の数字と、「0」と「00」の合計38の数字があります。このとき、偶数があたりとなる確率を考えてみましょう。0と00は偶数でも奇数でもないとします（※1）。

この場合、偶数・奇数のいずれにかけても、あたる確率は$\frac{18}{38}$です。偶数でも奇数でもない0と00があるため、$\frac{18}{36}$ではなく、$\frac{18}{38}$となります。百分率に直すと約47％で、50％を切るのです。18個ずつある赤と黒のどちらかに賭ける場合や、1～36の前半と後半のどちらかに賭ける場合も同様です。

所持金がふえる可能性は、ごくわずか

ちなみに、所持金900ドルの客が1ドルずつ「偶数・奇数賭け」のどちらかに賭けつづけたとき、運よく所持金が1000ドルまで到達するのは、わずか10万人に2.7人ほどの割合だといいます。**残りはみんな、所持金が0になってしまうのです。**

※1：数学では、0は偶数とされます。

ルーレットの確率と期待値

ルーレットでは、あたる確率の低い賭け方ほど、あたったときの賭け金の倍率が高くなっています。得られる数値と確率をかけ合わせた値を期待値といい、どの賭け方でも同水準になっています（期待値の解説は、140～147ページ）。

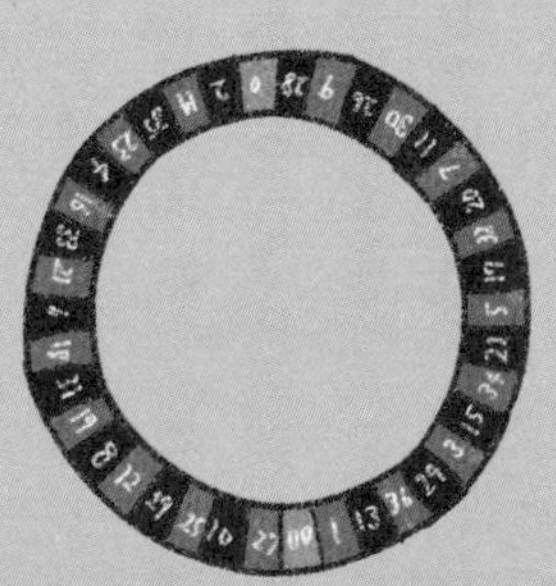

ルーレットの期待値の一覧

賭け方	賭け方の説明	倍率	確率	期待値の計算	期待値
赤・黒賭け	18個の赤か、18個の黒か	2倍	$\frac{18}{38}$	$2 \times \frac{18}{38} = \frac{36}{38}$	0.947倍
前半・後半賭け	1～36のうち、前半の18個か 後半の18個か	2倍	$\frac{18}{38}$	$2 \times \frac{18}{38} = \frac{36}{38}$	0.947倍
偶数・奇数賭け	18個の偶数か18個の奇数か （0と00は偶数でも奇数でもない）	2倍	$\frac{18}{38}$	$2 \times \frac{18}{38} = \frac{36}{38}$	0.947倍
12数字賭け （縦の列）	賭け金を置く盤面（レイアウト）上の 縦の列にある数字12個	3倍	$\frac{12}{38}$	$3 \times \frac{12}{38} = \frac{36}{38}$	0.947倍
12数字賭け （小・中・大）	1～12、または13～24、 または25～36	3倍	$\frac{12}{38}$	$3 \times \frac{12}{38} = \frac{36}{38}$	0.947倍
6数字賭け	レイアウト上の横一列にある3個の 数字を上下2段分（合計6個）	6倍	$\frac{6}{38}$	$6 \times \frac{6}{38} = \frac{36}{38}$	0.947倍
5数字賭け	0と00と1と2と3 （5数字賭けはこの組み合わせのみ）	7倍	$\frac{5}{38}$	$7 \times \frac{5}{38} = \frac{35}{38}$	0.921倍
4数字賭け	レイアウト上で接する4個の数字	9倍	$\frac{4}{38}$	$9 \times \frac{4}{38} = \frac{36}{38}$	0.947倍
3数字賭け	レイアウト上の横一列にある 3個の数字	12倍	$\frac{3}{38}$	$12 \times \frac{3}{38} = \frac{36}{38}$	0.947倍
2数字賭け	レイアウト上のとなりあった 2個の数字	18倍	$\frac{2}{38}$	$18 \times \frac{2}{38} = \frac{36}{38}$	0.947倍
1数字賭け	0と00を含む38個の数字の うちの1個	36倍	$\frac{1}{38}$	$36 \times \frac{1}{38} = \frac{36}{38}$	0.947倍

ルーレットの歴史

ルーレットは、フランス語です。ルーレットの語源は、フランス語で「小さい輪、車輪」という意味の、「ルーレ」です。

ルーレットの起源は古く、古代ギリシアまでさかのぼります。**戦士たちが武具である盾の上に剣を置いてまわし、剣先がどの位置に止まるかを賭けたことがはじまりといわれています。**また、ローマ帝国の初代皇帝のアウグストゥス（紀元前63～紀元後14）は、水平に置いた戦車の車輪の上に壺を立てて、車輪をまわす賭け事を行ったといいます。

ルーレットが現在のような形になった経緯は、はっきりわかっていません。**よくいわれるのは、フランスの哲学者で確率論の父ともいわれるブレーズ・パスカル（1623～1662）が、確率を研究するためにルーレットをつくったという説です。**フランスの修道士が、娯楽を求めて考えだしたという説もあります。真偽はわかりませんが、17世紀～18世紀にかけて、ヨーロッパの賭博場で使われるようになったそうです。

Column

02

ドリームジャンボ宝くじ、1等は「1000万分の1」

1000万枚の中に、1等は1枚

多くの人が億万長者への夢を託す宝くじ。1等の当せん確率はどのくらいか、気になるところでしょう。たとえば、「ドリームジャンボ宝くじ」は、1000万枚が1ユニット（ワンセット）となっています。**1等はそのうちの1枚なので、当せん確率は1000万分の1です。**なお、2022年のドリームジャンボ宝くじの発売予定枚数は、12ユニットの1億2000万枚でした。

主催者が有利に設定されている

46〜47ページで紹介したルーレットに限らず、その他のギャンブルや宝くじなどでも、基本的には主催者側（胴元）が有利なように条件が設定されているものです。**2022年のドリームジャンボ宝くじでは、購入金額の約50%が、主催者の取り分となるように設定されています。**

2022年のドリームジャンボ宝くじは1枚300円なので、1ユニットの1000万枚が完売した場合の総売上は、約30億円です。その約50%というと、約15億円になります。12ユニットで主催者側が得る総額は、約180億円です。

ドリームジャンボの分配

2022年のドリームジャンボ宝くじの、総売上の分配を円グラフにまとめました。ドリームジャンボ宝くじは、1ユニットが1000万枚です。円グラフの全体が、1ユニットの総売上です。

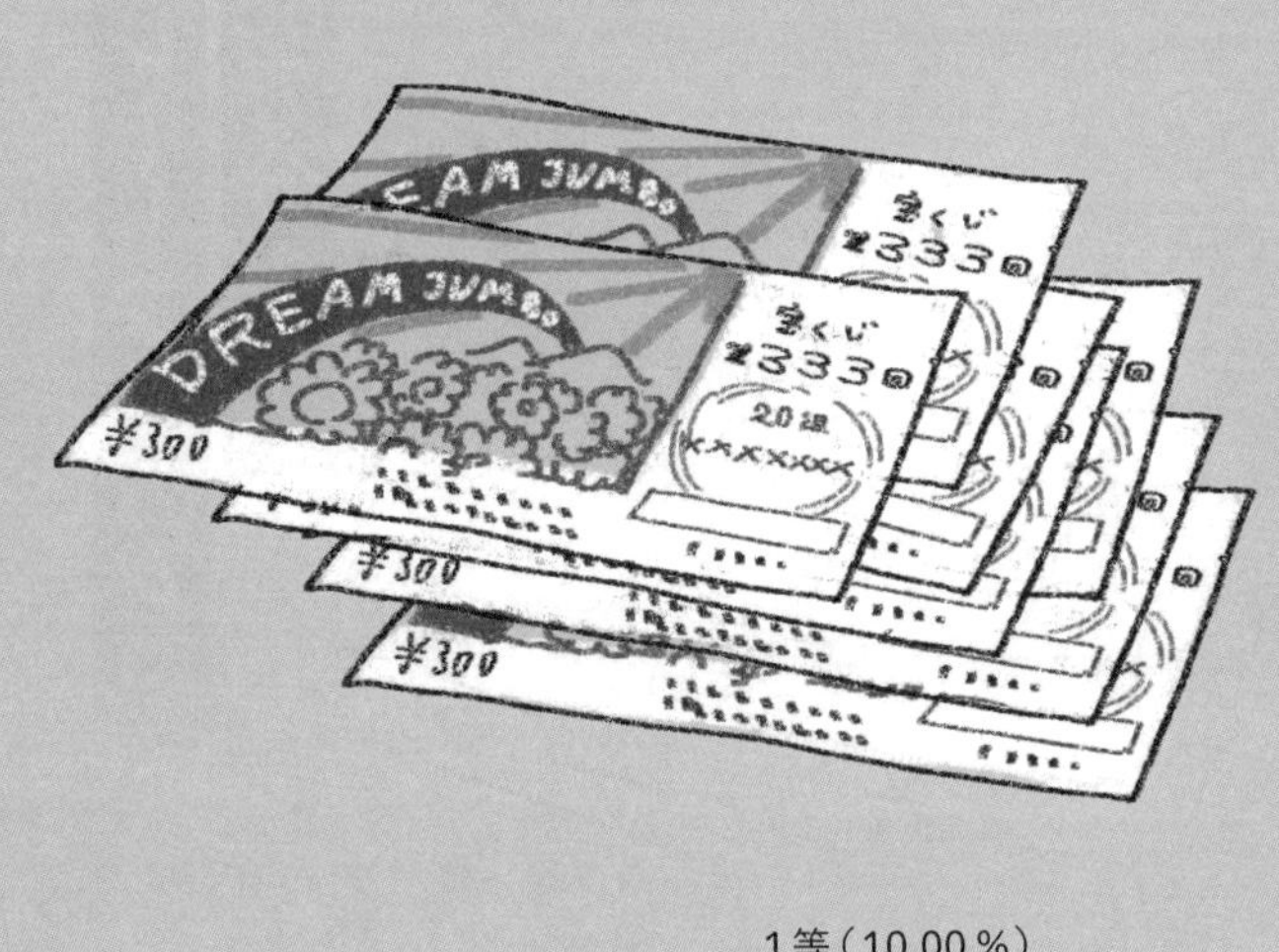

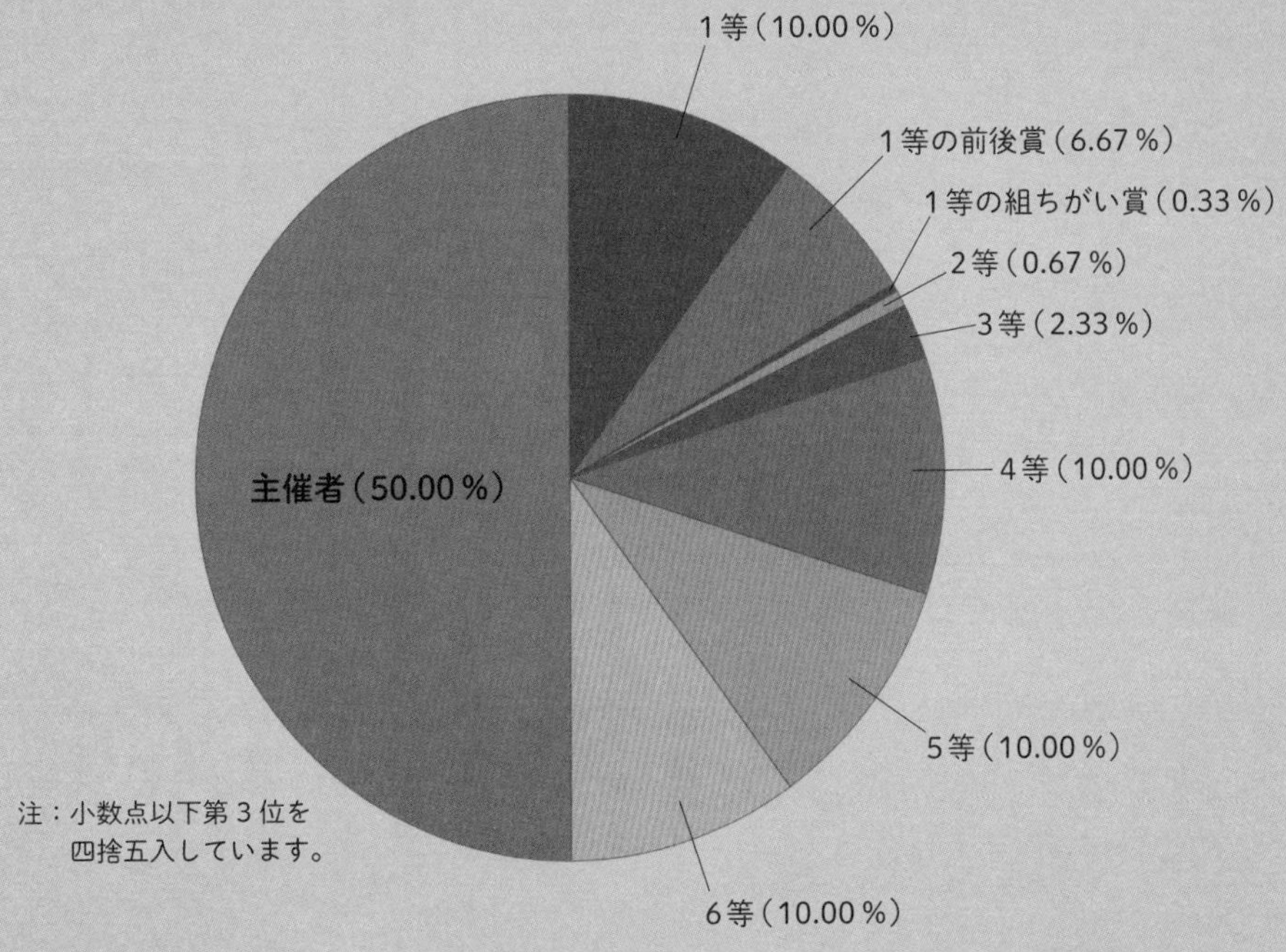

03

ロイヤルストレートフラッシュの確率は、「65万分の1」

ノーペアかワンペアは、92%

トランプゲームのポーカーの役に注目して、それぞれの確率をみていきましょう。ただし、ジョーカーを含まない52枚のカードを使用し、最初に配られた5枚で役ができる確率とします。

役が弱い順にみていくと、役がない「ノーペア」の確率はほぼ50%です。次に、同じ数字のカードが2枚そろう「ワンペア」の確率はおよそ42%です。**最初に配られたカードが「ノーペアかワンペア」である確率は、92%にものぼります。**

ロイヤルストレートフラッシュは、65万回に1回

以降は左の表のようにつづきます。**そして、すべて同じマークで10、ジャック、クィーン、キング、エースがそろう「ロイヤルストレートフラッシュ」の確率は、約0・000154%です。**これは、およそ65万回に1回の割合でしかおきないということです。では52枚に、どんな札にもなるジョーカーを1枚含めてみましょう。ロイヤルストレートフラッシュの確率は、約0・000836%に上昇します。ジョーカーがないときよりも、およそ5・4倍も出やすくなります。

ポーカーの役と確率

ポーカーは、配られた5枚の手札で役をつくって、役の強さを競うゲームです。ジョーカーを含まないカードを使用し、最初に配られた5枚で役ができる確率を表にしました。

ポーカーの役とその確率

役	定義	例	確率
ノーペア	役なし		約50％
ワンペア	同じ数字のカードが2枚そろう		約42％
ツーペア	同じ数字のカード2枚のペアが2セットそろう		約4.8％
スリーカード	同じ数字のカードが3枚そろう		約2.1％
ストレート	5枚のカードの数字が連続		約0.4％
フラッシュ	5枚すべてが同じマーク		約0.2％
フルハウス	ワンペアとスリーカードの組み合わせ		約0.14％
フォーカード	同じ数字のカードが4枚そろう		約0.02％
ストレートフラッシュ	マークが同じ5枚のカードの数字が連続している		約0.0014％
ロイヤルストレートフラッシュ	同じマークで10、J、Q、K、Aがそろう		約0.000154％

04

ロト6で1等の確率は、「600万分の1」

1〜43の数字から、6個の数字をあてる

「ロト6」という宝くじの、当せん確率をみていきましょう。ロト6は、1〜43の数字の中から、6個の数字をあてるというものです。抽せんでは、6個の本数字と、2等の当せんを決定する場合だけに使用されるボーナス数字が1個選ばれます。

理論上の当せん金額は、2億円

1等は、申し込み数字が本数字6個とすべて一致した場合です。その確率はおよそ600万分の1で、1等の理論上の当せん金額は2億円です。つづいて2等は、申し込み数字が本数字5個と一致して、さらにボーナス数字と一致した場合です。その確率は、およそ100万分の1です。2等の理論上の当せん金額は、約1000万円になります。

以下、3等は申し込み数字6個のうち5個が本数字に一致した場合で、確率はおよそ3万分の1です。4等は申し込み数字6個のうち4個が本数字に一致した場合で、確率はおよそ600分の1。5等は申し込み数字6個のうち3個が本数字に一致した場合で、確率はおよそ$\frac{1}{40}$となります。

ロト6の当せん確率

下の表は、ロト6の当せん条件と確率をまとめたものです。3等以下の理論上の当せん金額は、順に30万円、6800円、1000円（原則固定）となっています。

ロト6

等数	当せん条件	当せん確率
1等	申込数字6個が本数字にすべて一致	1／609万6454
2等	申込数字6個のうち5個が本数字に一致し、残り1個がボーナス数字に一致	6／609万6454
3等	申込数字6個のうち5個が本数字に一致	216／609万6454
4等	申込数字6個のうち4個が本数字に一致	9990／609万6454
5等	申込数字6個のうち3個が本数字に一致	15万5400／609万6454

05

競馬の3連単、的中率は「3360分の1」

最も難易度の高い「3連単」

競馬には、さまざまなレースがあります。ここでは16頭（8枠）が出走した場合を例に、あたる確率をみていきましょう。ただし確率は、16頭の馬の実力が、まったく同じと仮定した場合です。

馬券の種類は、8種類あります。中でも難易度が高いのは、馬を3頭選ぶ「3連複」と「3連単」です。**3連複は組み合わせを選ぶので、着順は関係なく、あたる確率は560分の1で、約0.18％です。3連単は着順まであてなければならないため、確率は3360分の1で、約0.03％です。**

最も難易度が低い「複勝」

逆に難易度が低いのは、馬を1頭だけ選ぶ「単勝」と「複勝」です。**単勝は1着になる馬をずばりあてる、最も単純な買い方です。確率は$\frac{1}{16}$なので、6.25％です。複勝は選んだ馬が3等までに入ればいいので、確率は$\frac{3}{16}$で、18.75％と高くなります。**

とはいえ、宝くじとちがって、競馬の確率はそう単純ではありません。なぜなら、競馬に出走する馬には実力差があるほか、騎手の優劣など、さまざまな条件によって勝負が左右されるからです。

馬券の種類と確率

馬券の種類と、それぞれのあたる確率を表にしました。競馬は、必ずしも、確率どおりにはいきません。結果を自分で予想できる点が、競馬の楽しさの一つかもしれません。

枠番号と馬番号

枠番号	馬番号	馬の名前
1	1	アップルスター
	2	ゴールドテール
2	3	クラリティアイ
	4	ラッキーサークル
3	5	サクラウインド
	6	スピードクレイン
4	7	スマートゲート
	8	セブンロータス
5	9	ハイランドラン
	10	グランドロード
6	11	エバープラネット
	12	スペースアース
7	13	エバーダッシュ
	14	プラチナワールド
8	15	ノースブライト
	16	ディープローズ

馬券の種類と確率

種類	何を当てるか	確率
単勝	1着の馬	6.25%
複勝	3着までに入る馬	18.75%
枠連	1・2着の枠番の組み合わせ	約3.5%（同枠で買うと、約0.83%）
馬連	1・2着の馬の組み合わせ	約0.83%
ワイド	3着までに入る2頭の馬の組み合わせ	2.5%
馬単	1・2着の馬の着順	約0.42%
3連複	1～3着の馬の組み合わせ	約0.18%
3連単	1～3着の馬の着順	約0.03%

勝ちやすいギャンブルは？

日本の公営ギャンブルで、勝てる見込みが最も高いのは何でしょうか。確率論的に期待できる数値である「期待値」で考えてみましょう（期待値の解説は、140〜147ページ）。たとえば、「宝くじ」「ロト」「ｔｏｔｏ」の全購入者の期待値は、およそ0・45〜0・5倍です。これは、胴元の取り分が半分以上であることを示しており、かなり分が悪いといえます。

それにくらべると、競馬や競艇の期待値は約0・75倍と高くなっています。**しかし、さらに上をゆく期待値1倍ごえの可能性を秘めているのが、「チャリロト」とよばれる競輪くじです。**期待値が1倍をこえるということは、購入側に全額以上が還元されるということです。

チャリロトは、当せん者がいないと、払い戻し金が次回にキャリーオーバーされます。そして、配当金の上限がなんと12億円です。**このキャリーオーバーがどんどんたまっていき、理想的な条件が整うと、期待値が1倍をこえるのです。**

Column

貴族も賭け事に夢中？

ここで、日本の賭博の歴史を振り返ってみましょう。賭博について記されている最も古い文献は、『日本書紀』です。**685年に天武天皇が諸官を集めて賭け事を行い、4年後の689年には持統天皇が賭け事を禁止したとあります。**賭け事によって、宮中が乱れるようなことがあったのでしょうか。

行われていた賭け事は、中国から伝わった盤双六（ばんすごろく）だといわれています。サイコロを振って、マス目のある盤上で駒を進める競争ゲームです。平安時代に流行し、宮中だけでなく、庶民も夢中になりました。また、囲碁をはじめとした多くの勝負事が賭けの対象となり、闘鶏（とうけい）なども行われたようです。

その後も賭け事は、身分の高低を問わず行われつづけ、江戸時代になると、時代劇などでよく目にする「丁半博打（ちょうはんばくち）」が大流行しました。サイコロの出目の和が、「丁（偶数）」か「半（奇数）」かを賭けるシンプルな博打です。また、宝くじの起源といわれる富くじも、江戸時代に人気を集めました。

Column

ギャンブル好きで確率を研究

史上はじめて確率論の本を書いたのは、イタリア出身の数学者のジローラモ・カルダノ（1501～1576）です。もともとは医学で学位をとり、天文学や物理学、数学などにも精通していました。**ギャンブルが大好きで、『さいころ遊びについて』という論文を書き、その本が死後に出版されました。**

カルダノは本の中で、「二つのさいころを同時に投げて出た目の和を求めるとき、和がいくつになると賭けるのが最も有利か」という問題をとりあげています。そして、目の和が7になる組み合わせが6通りと最も多いことを示し、「7に賭けるのが最も有利」と明らかにしました。

このような取り組みにより、カルダノは確率論の発展に貢献しました。しかしカルダノは、ギャンブルはもうからないということを自覚していたようです。**というのも、「ギャンブラーは、まったくギャンブルをしないことが最大の利益になる」という言葉を残しているからです。**

Column

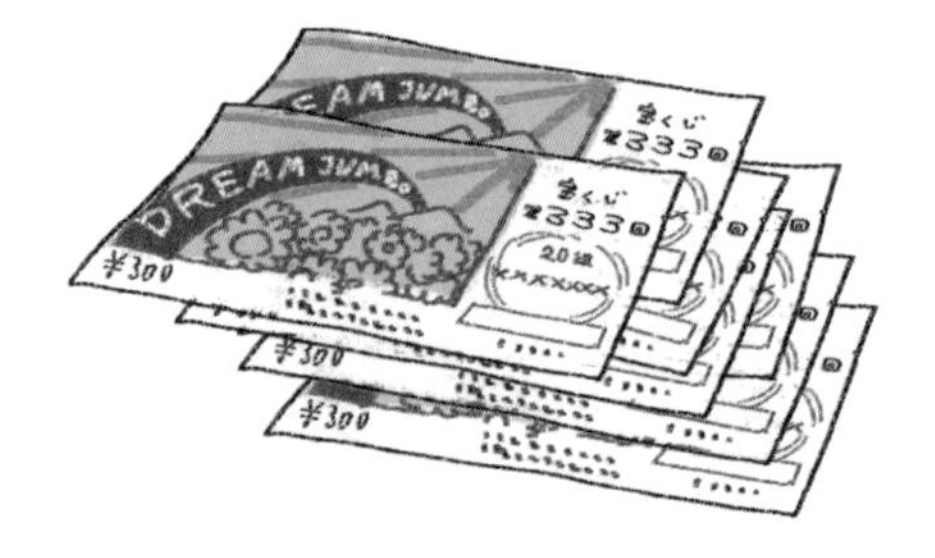
DREAM JUMBO
宝くじ
第333回
20組
¥300

最強の雑学編

第3章 まちがいやすい確率

確率では、計算してみると直感とことなることがあります。第3章では、そんなまちがいやすい確率を紹介します。直感とことなる例として、二つの問題にも挑戦してみてください。

01

囲碁の「ニギリ」は、奇数と予想する人が有利

碁石の数が、偶数か奇数かを予想する

囲碁では、先手が黒い碁石を使い、後手が白い碁石を使います。囲碁は先手が有利といわれているため、対局する2人に実力差がある場合、強い人が後手となって白い碁石を使います。**しかし、2人の実力が同じくらいの場合は、「ニギリ」という方法で先手を決めます。**

ニギリとは、対局者の一方が白い碁石を適当ににぎり、もう一方がにぎられた白い碁石の数が偶数か奇数かを予想するというものです。予想した人は、予想があたれば先手となり、予想が外れれば後手となります。

このニギリは、公平といえるでしょうか。

奇数の確率のほうが、高くなる

実はニギリでは、奇数となる確率のほうがわずかに高くなります。にぎる碁石の数は、奇数の1からはじまるからです。

話を簡単にするために、少ない碁石で考えてみましょう。にぎることができる碁石の数が4個の場合、にぎる碁石の数は1個か2個か3個か4個であり、偶数と奇数は同じ確率です。**しかし、にぎることができる碁石が3個の場合、にぎる碁石の数は1個か2個か3個であり、奇数の確率のほうが高くなります。**このためニギリは、白い碁石をにぎる人よりも、奇数と予想する人のほうが、有利になるのです。

囲碁のニギリ

囲碁のニギリの場面をえがきました。左の人が白い碁石をにぎり、右の人が偶数か奇数かを予想しています。予想する人は、偶数と予想する場合は2個の黒い碁石を碁盤の上に置き、奇数と予想する場合は1個の黒い碁石を碁盤の上に置きます。

02

2人のうち1人が男。もう1人も男の確率は「3分の1」

直感的には、2分の1と思いやすい

次の問題を考えてみましょう。「ある家族には子供が2人います。そのうち1人が男の子です。このとき、もう1人も男の子である確率はどれぐらいでしょうか？」。**直感的に$\frac{1}{2}$と思うかもしれませんが、正しい答えは$\frac{1}{3}$です。**

1人が男の子の可能性は、3通り

まず性別のパターンは、生まれた順に｛男・男｝、｛男・女｝、｛女・男｝、｛女・女｝の4通りです。この状況に「そのうち（少なくとも）1人は男」という情報が加わると、｛女・女｝は除外されます。**すると、残された可能性は｛男・男｝、｛男・女｝、｛女・男｝の3通りです。このとき、問題の条件を満たすのは｛男・男｝だけです。**つまり3通りのうちの一つだけなので、確率は$\frac{1}{3}$となります。

もし、「上の子が男であるとき、もう1人も男である確率は？」という問題なら、上の子が男という情報から残された可能性は｛男・男｝、｛男・女｝の2通りです。したがって、もう1人も男になるのは、｛男・男｝だけなので、答えは直感通りの$\frac{1}{2}$となります。

情報が加わるとどうなる？

ある家族に子供が2人いるという状況に、「そのうち（少なくとも）1人は男である」という情報が加わりました。そのときの、もう1人の子供が男の子である確率を問う問題です。

情報が加わる前

情報が加わった後

除外される

ある条件や情報がもたらされたことによって変化する確率を、「条件つき確率」というよ。

03

精度99%の検査で陽性でも、感染確率は「1%」!?

100人のうち1人を誤って「陰性」と判定

新型のウイルスが発生し、すでに1万人に1人の割合で感染が広がっているとします。精度99%（※1）のウイルス感染検査を受けた人が、陽性の判定を受けました。この人は、ほぼ確実にウイルスに感染していると考えるべきなのでしょうか。

たとえば100万人がこの検査を受けた場合、100人の感染者がいることになります。**精度99%の検査は、100人の感染者のうち、平均して99人を、正しく「陽性」と判定します。しかし、残りの1人を、誤って「陰性」と判定してしまいます。**これを「偽陰性」とよびます。

「陽性」でも、ただちに感染しているわけではない

一方、非感染者数は99万9900人です。**検査では、98万9901人を、正しく「陰性」と判定します。しかし、1%にあたる9999人を、誤って「陽性」と判定します。**これを「偽陽性」といいます。

陽性と判定された人の合計は99人（陽性）＋9999人（偽陽性）＝1万98人です。そのうち実際に感染しているのは99人です。**これは、陽性と判定された人のわずか約1%です。**つまり、この検査で「陽性」と判定されたとしても、ただちに感染しているわけではないのです。

※1：ここでは、ウイルスに感染している人を陽性と判定する精度も、ウイルスに感染していない人を陰性と判定する精度も、99%とします。

陽性でも感染していない!?

陽性と判定された1万98人のうち、実際に感染しているのは99人（約1％）にすぎません。この段階で陽性だからといって、ウイルスに感染していると考えるのは早計です。

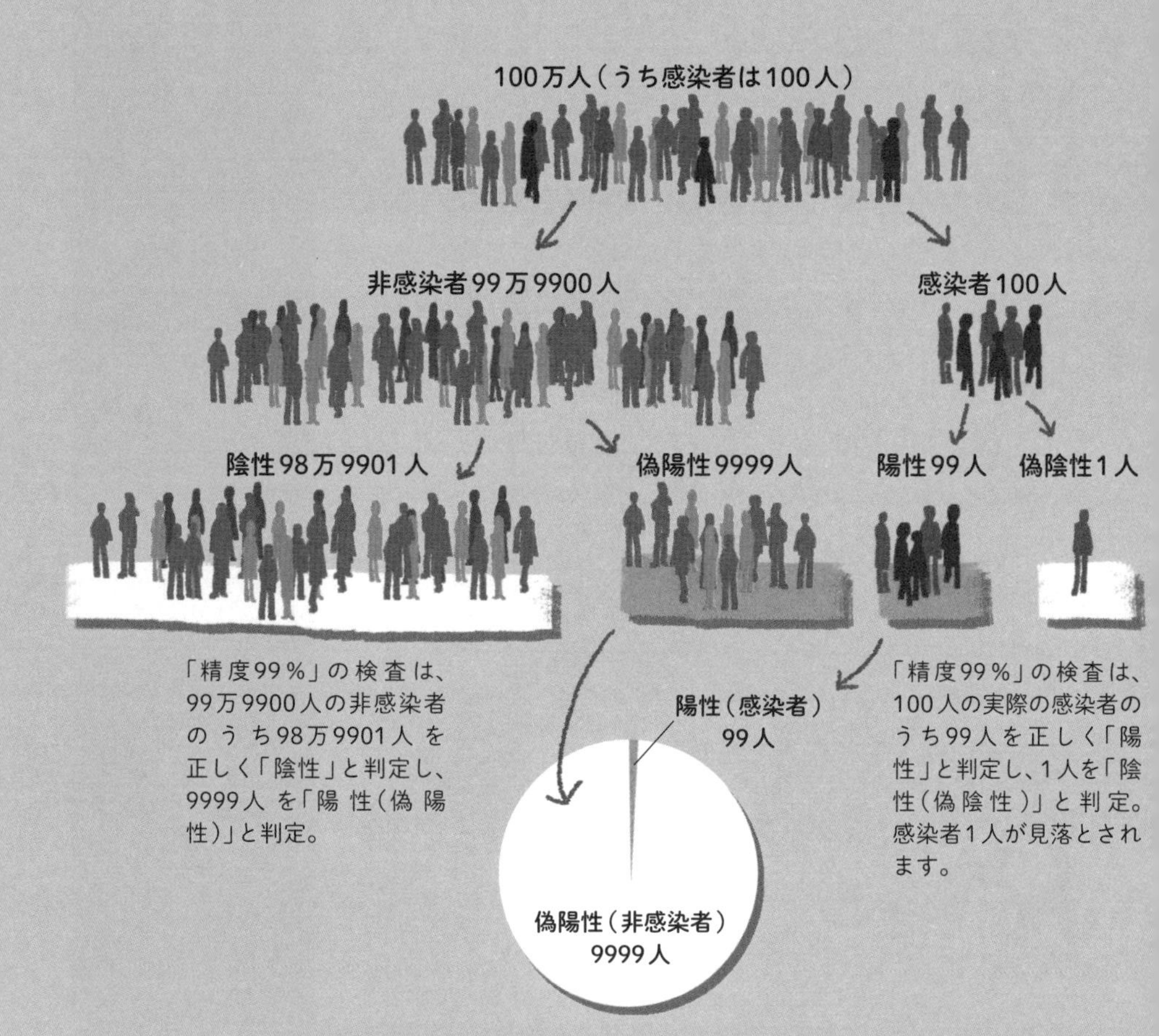

釈放の確率は？

凶悪な犯罪グループの3人（犯人A、B、C）が逮捕され、処刑されることになりました。しかし3人は宝のありかを知っていることから、1人だけ釈放して、その場所を聞き出すことにしました。

3人のうち誰が釈放されるかは、すでに決まっています。しかし、犯人たちは、誰が釈放されるのかを知りません。この場合、Aが釈放される確率は$\frac{1}{3}$です。

Aは看守に、「おれは処刑されるのか？」とたずねましたが、教えてくれません。そこでAは看守に、「せめてB、Cのどちらが処刑されるかを教えてくれ」といいました。すると看守は、「Bは処刑される」と答えました。AはBが処刑されることを知り、処刑されるのはAかCのどちらか1人、つまりAが釈放される確率が$\frac{1}{2}$になったとよろこびました。

Q&A

犯人Aが釈放される確率は、本当に$\frac{1}{2}$になった？

POLICE
POLICE

ぬかよろこび Q&A

犯人Aが釈放される確率は、$\frac{1}{3}$のまま。

まず、犯人Aが釈放される場合を考えてみましょう。この場合、犯人Bと犯人Cは2人とも処刑されます。したがって、看守がAに「Bは処刑される」という確率と、「Cは処刑される」という確率は同等なので、$\frac{1}{2}$ずつです。

次に、Bが釈放される場合を考えてみましょう。看守は、「Aが処刑される」とは答えられないので、「Cが処刑される」としか答えられません。Cが釈放される場合も同様に、看守は「Bが処刑される」としか答えられません。

さて、今回看守はAに、「Bが処刑される」と告げました。看守がAに「Bが処刑される」と教えるパターンは、左ページ下の円グラフのように、Aが釈放の場合のうちの半分とCが釈放の場合です。この二つのパターンを合わせた中で、Cが釈放される確率は$\frac{2}{3}$です。つまり、Aは依然$\frac{1}{3}$の確率で釈放される運命にかわりはありません。Aが釈放される確率は、あがっていないのです。

看守の答えのパターン

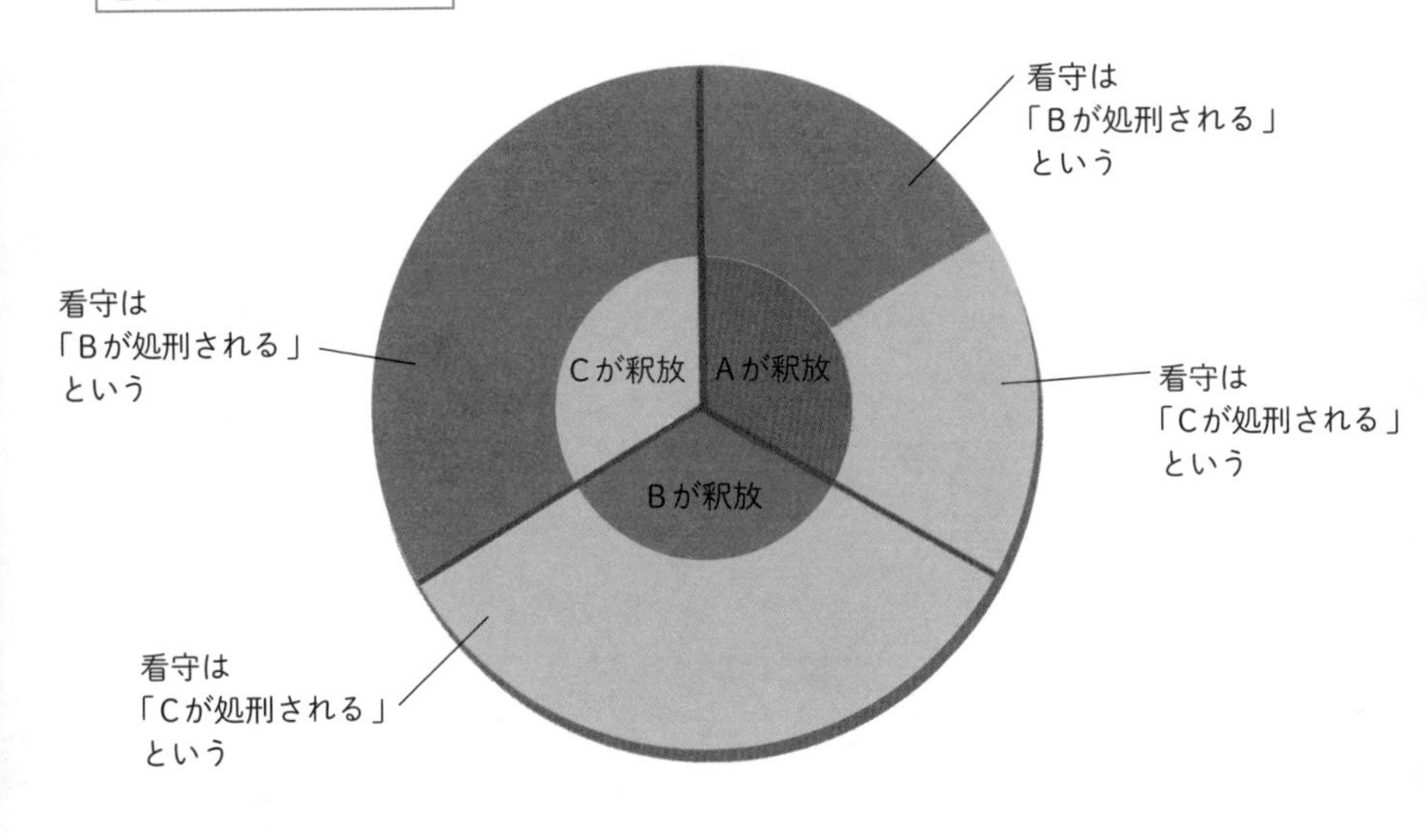

看守が「Bが処刑される」
といった場合

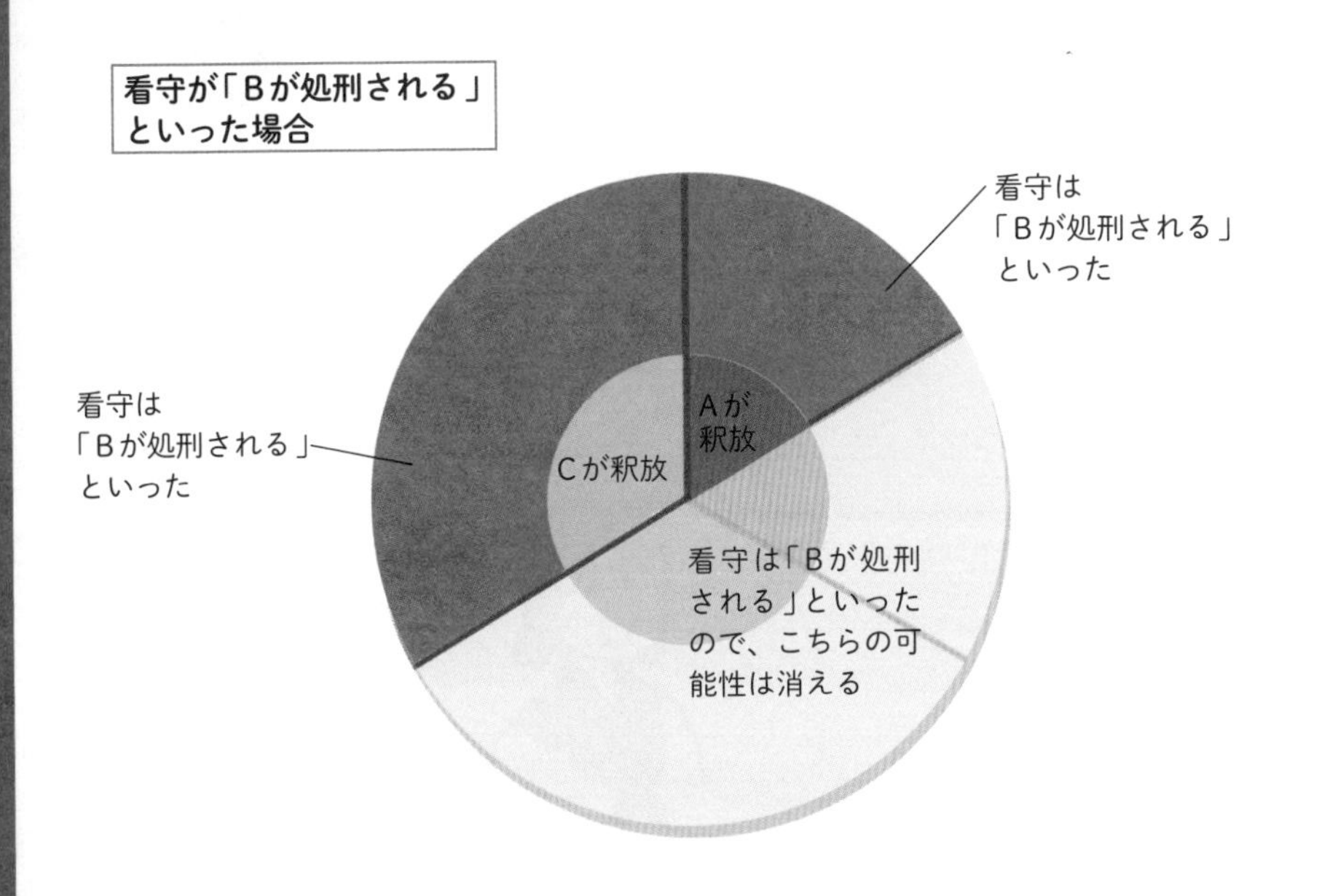

モンティ・ホール問題

ドアを変更すべき？

Q&A

豪華賞品がもらえるゲームで、挑戦者の前には、A、B、Cの3枚のドアがあります。賞品はどれか一つのドアの向こうにあり、残り二つのドアははずれです。司会者はあたりのドアを知っていますが、挑戦者は当然知りません。

挑戦者がドアAを選ぶと、司会者はドアBがはずれであると見せました。そして挑戦者に、「ドアCに変更してもかまいません」ともちかけます。

Q 挑戦者は、ドアを変更すべき？

かえてもかえなくても、
同じに感じるな〜。

【状況1】挑戦者がドアAを選ぶ

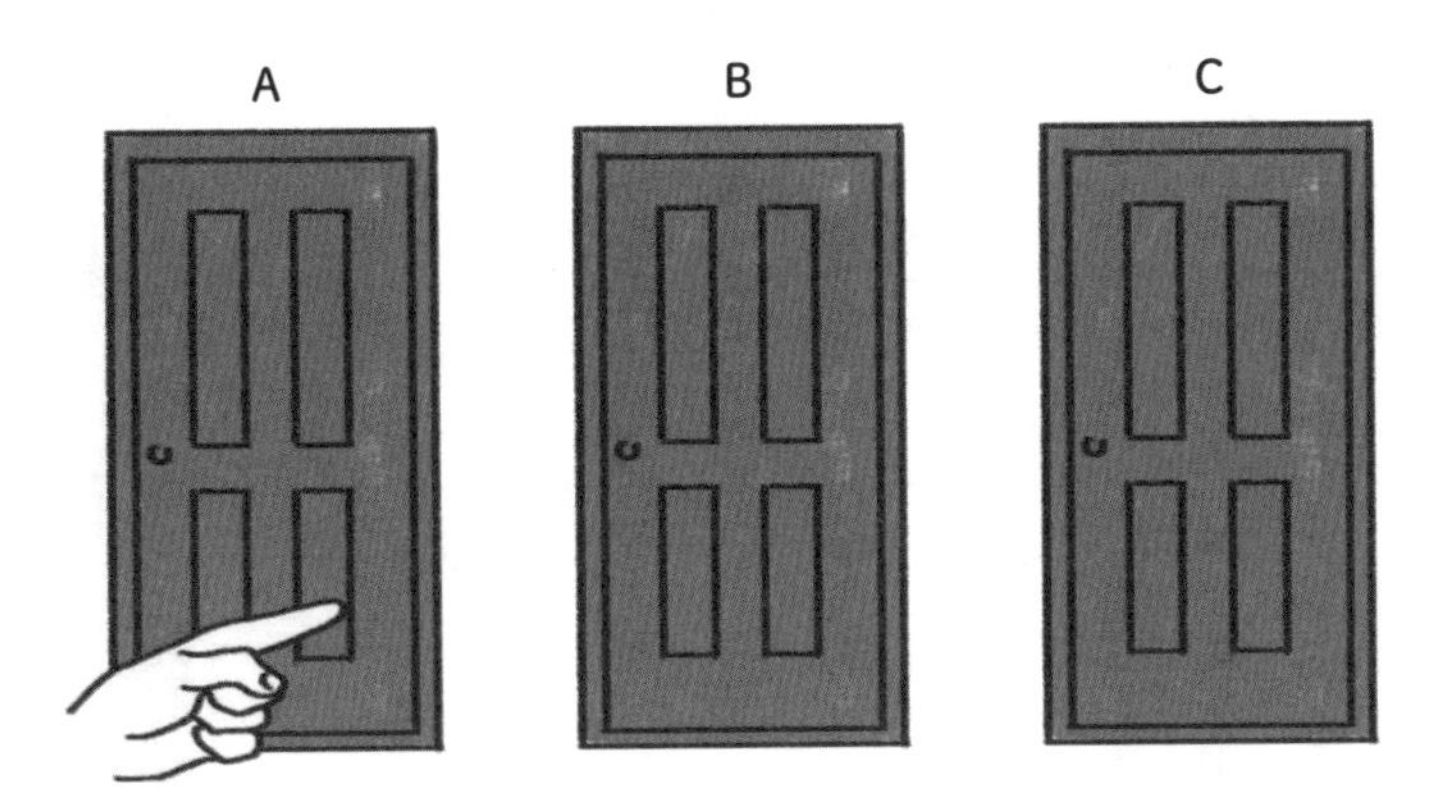

【状況2】司会者がドアBを開く

モンティ・ホール問題

確率が高くなる

Q&A

A 挑戦者は、ドアを変更すべき。

これは、アメリカのクイズ番組から生まれた問題です。番組の司会者の名前から、「モンティ・ホール問題」とよばれています。

ドアBがはずれとわかったら、残る選択肢はドアAとドアCの2択です。ともにあたる確率は$\frac{1}{2}$で、ドアをかえなくても同じと考えた人も多いのではないでしょうか。しかし実際には、Aがあたる確率が$\frac{1}{3}$で、Cがあたる確率は$\frac{2}{3}$です。

左ページ上の円グラフ1のように、最初はA、B、Cともにあたる確率は$\frac{1}{3}$でした。回答者がAを選択すると、司会者は円グラフ2のように「Aがあたり」ならBかCを残し、「Bがあたり」ならBを残し、「Cがあたり」ならCを残します。そして、司会者がBを開くと、円グラフ3のようにCを残す場合のうち、Aがあたる確率はやはり$\frac{1}{3}$のままです。しかし、Cがあたる確率は$\frac{2}{3}$と高くなるので、かえた方が得なのです。

1. 最初の段階では、A、B、Cがあたる確率はそれぞれ $\frac{1}{3}$ ずつ

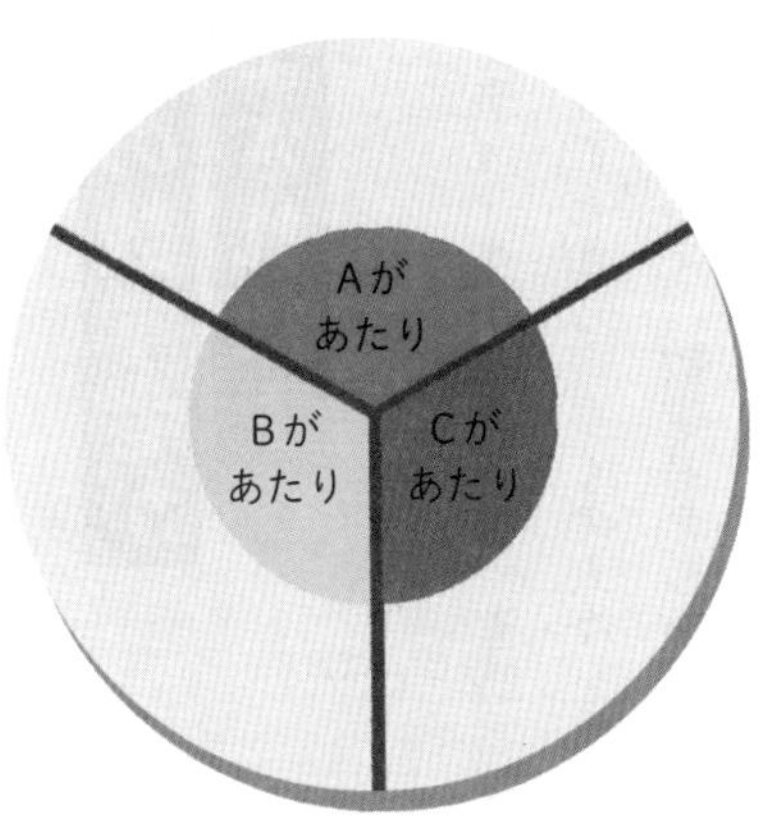

2. 解答者がAを選択後、司会者がとる行動は二つにわかれる

Bを残す
Cを残す
Aが
あたり
Bが
あたり
Cが
あたり
Bを残す
Cを残す

3. Cを残したうち、Aがあたりの可能性は $\frac{1}{3}$ のまま

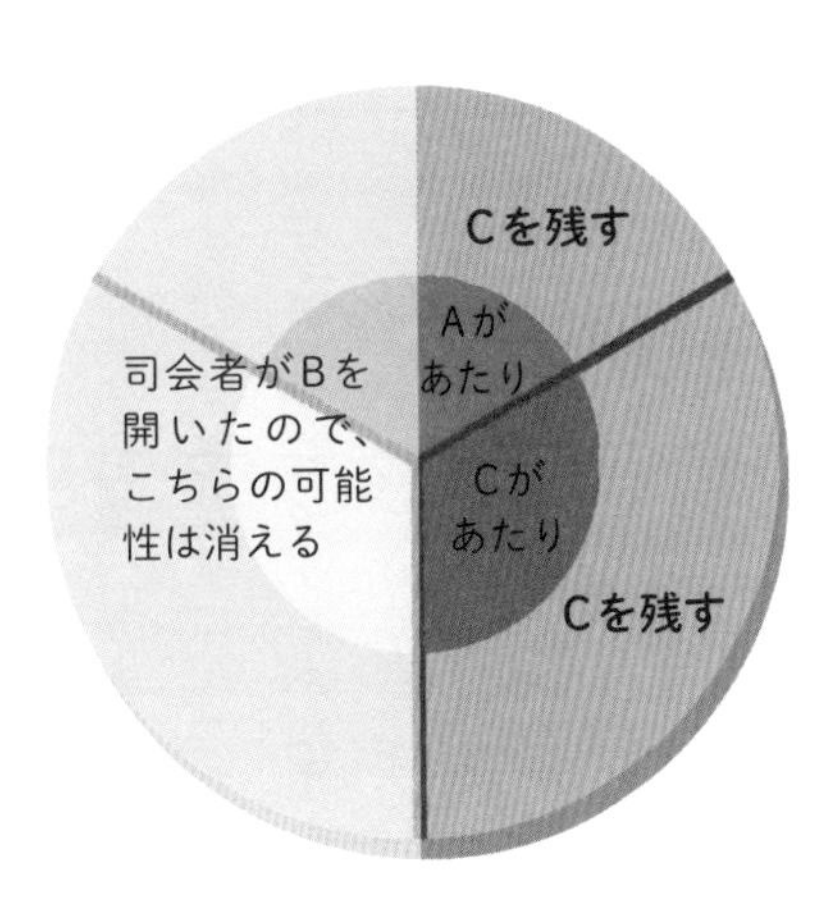

実験してみると、実験をくりかえすうちに、選択を変更したほうが確率が高くなるはずだよ。

多くの数学者がだまされた！

モンティ・ホール問題は、直感と答えがちがうことから、多くの人々を惑わせました。そして、数学者をも巻き込んだ議論へと発展したのです。

「史上最もＩＱの高い女性」といわれるマリリン・ヴォス・サヴァントは、ある雑誌で読者から質問を受けて、「かえるほうがいい」と答えました。理由も、確率が$\frac{1}{3}$から$\frac{2}{3}$になるという正しいものでした。**これに対して多くの数学者が、誤りであると指摘し、非難しました。**

サヴァントも、さまざまな証明で対応しましたが、議論はおさまりませんでした。

やがてサヴァントは、学校の授業で検証することをよびかけました。すると、サヴァントが正しかったという多くの検証結果が得られたのです。国立の研究機関でもコンピューターによる検証が行われ、１００万回の施行の結果、かえたほうが６６・７％の確率であたりになったといいます。こうして、サヴァントが正しかったことが、証明されたのです。

Column

最強の雑学編

第4章

身近で活躍する確率

身近な確率といえば、天気予報があります。ほかにも地震の予測や生命保険など、さまざまな場面で確率が使われています。第4章では、そんな身近な確率を紹介します。

01

降水確率100％でも、大雨が降るとは限らない

大気の状況を把握し、コンピューターで計算

天気予報は、コンピューターによる計算によって行われています。まず、レーダーや人工衛星などで現在の大気の状況を把握し、その情報をもとに、数分後、今日、明日、1週間後などの大気の状況を計算します。そしてその計算結果にもとづいて、予報官が予報を決めます。

降水とは、1ミリメートル以上の雨

では、予報でよく聞く降水確率とは何でしょうか。まず「降水」とは、予報期間中に降水量1ミリメートル以上の雨が降るということです。**降水確率が100％の場合、100回の予報が出たとして、100回とも1ミリメートル以上の雨が降るという意味です。数値が大きいほど雨が強くなるということではありません。**逆に降水確率0％でも、強い雨が降る可能性があります。降水確率は10％きざみなので、その間は四捨五入されます。つまり降水確率0％とは、「5％未満」ということをあらわしているのです。

また、降水確率は、雨が降る時間や面積の割合ともちがいます。降水確率は、降水量1ミリメートル以上の雨が、降るかどうかの確率なのです。

天気予報の的中率

「雨」、「曇一時雨」などの降水があるという予報について、気象庁が公表している的中率（12か月平均）の推移です。天気予報は、未来の予報になればなるほど精度が落ちます。

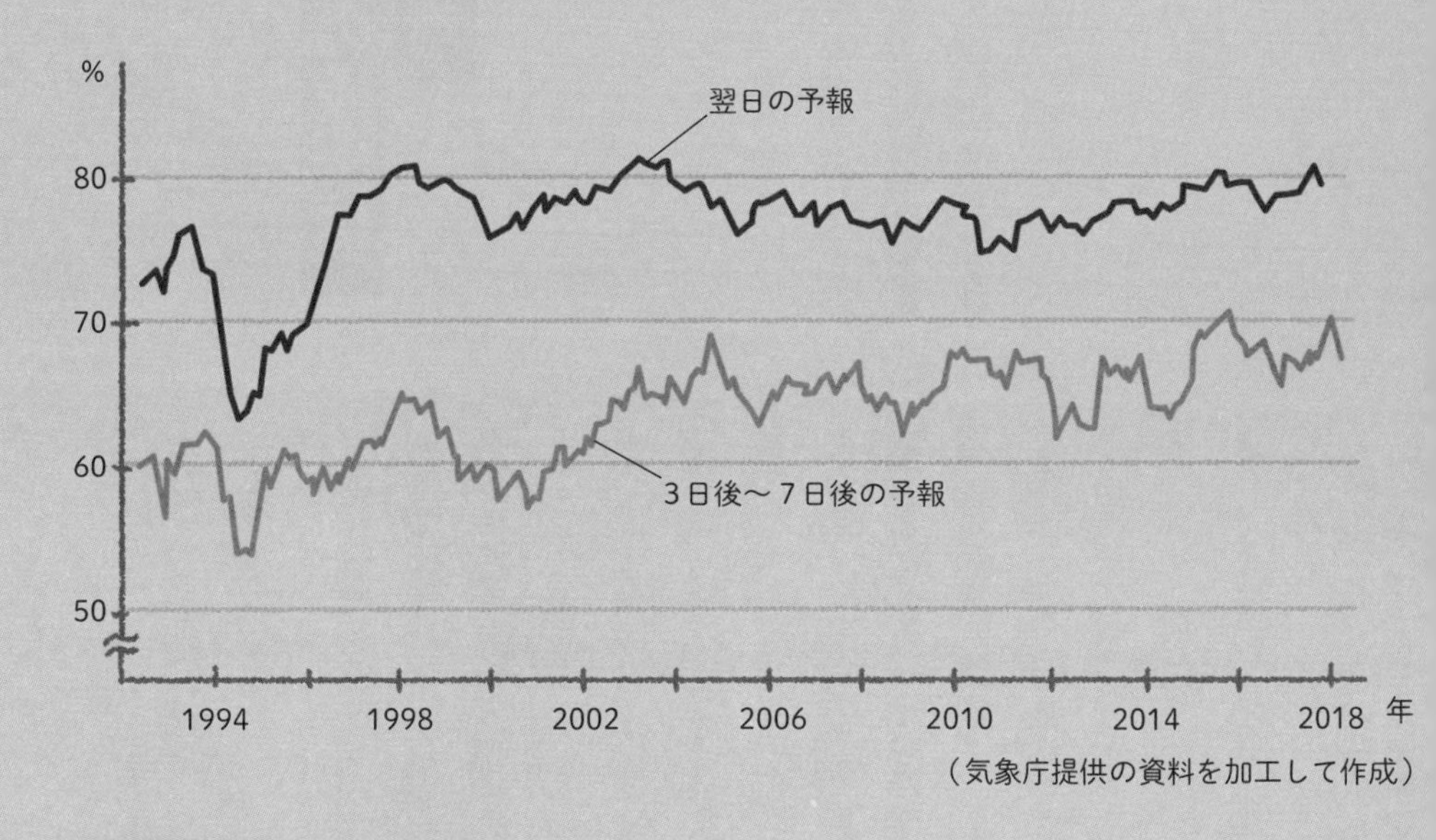

（気象庁提供の資料を加工して作成）

翌日の予報はおおむね80％弱、3日後〜7日後の予報はおおむね70％弱の的中率になっているね。

02

南海トラフ巨大地震の確率は、今後30年に「70〜80%」

東海から四国にまでおよぶ震源域

東海地方から紀伊半島、四国にかけての南方沖に、南海トラフとよばれる巨大地震の震源域があります。**国の地震調査研究推進本部によると、南海トラフ地震が今後30年以内におきる確率は、「70〜80%」とされています。**この地震の発生確率は、どのように求められているのでしょうか。

グラフの面積から求める

地震の発生確率は、「BPT（Brownian Passage Time）分布」とよばれる左のようなグラフから求められています。グラフの縦軸は、あるときに地震がおきる可能性を示す「確率密度」です。グラフの横軸は、時間経過です。グラフのAの部分の面積は、確率密度と時間をかけたものを足し合わせた値で、ある一定の時間内に地震がおきる可能性を示しています。**このAを、AとBを合わせた全体の面積で割ると、ある一定の時間内に地震がおきる確率を求めることができます。**

南海トラフ地震の場合は、このBPT分布に「時間予測モデル」という考え方を組み合わせて確率を求めています。時間予測モデルは、前回の地震の規模が大きいほど、次の地震までの間隔が長くなるというモデルです。

地震の発生確率の求め方

式とBPT分布のグラフです。確率を求めたい期間が長くなるとAの面積がふえて、確率はあがります。地震がおきずに時間が経過しても、Aの割合がふえて確率はあがります。

地震発生確率の求め方

地震の発生確率（%）＝ $\frac{A}{A+B} \times 100$

プレート間地震（平均間隔100年の場合）

（1）今後30年以内に地震がおきる確率

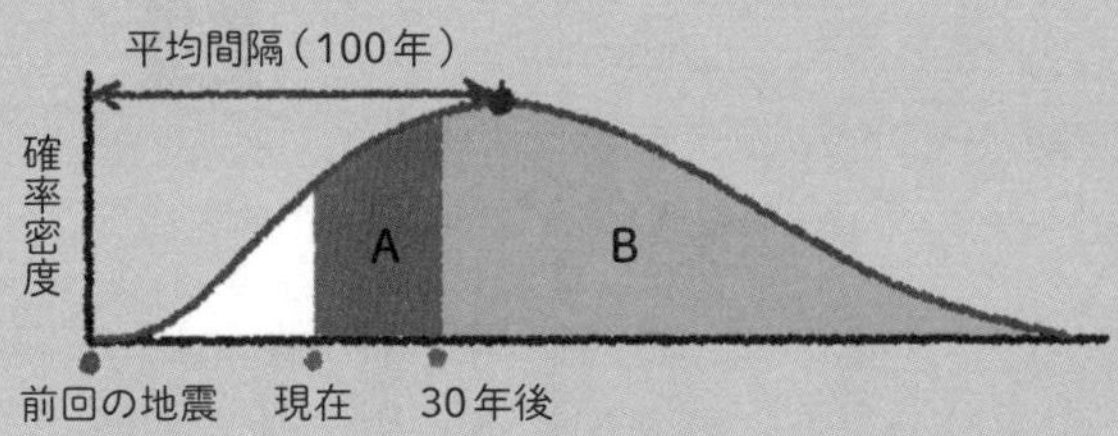

（2）確率を求めたい期間を長くした場合

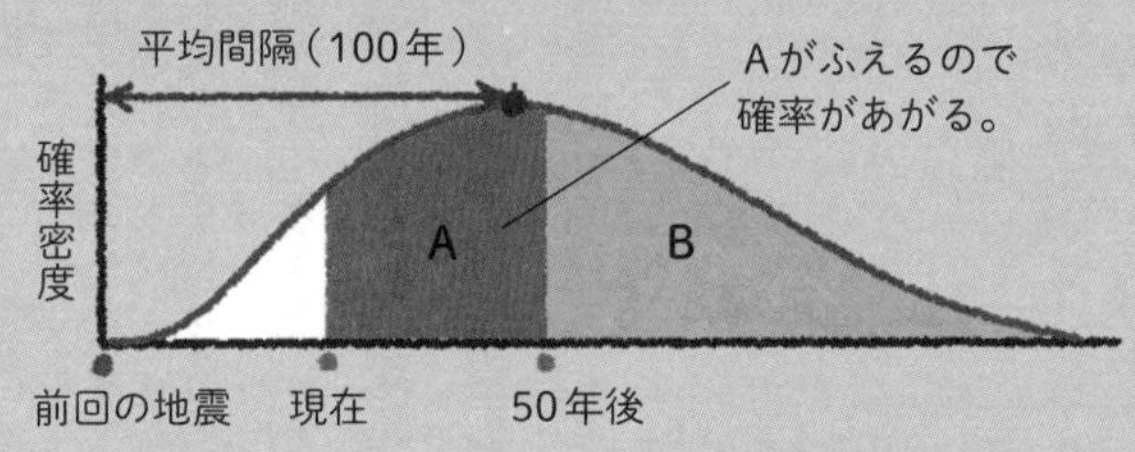

（3）地震がおきずに時間が経過した場合

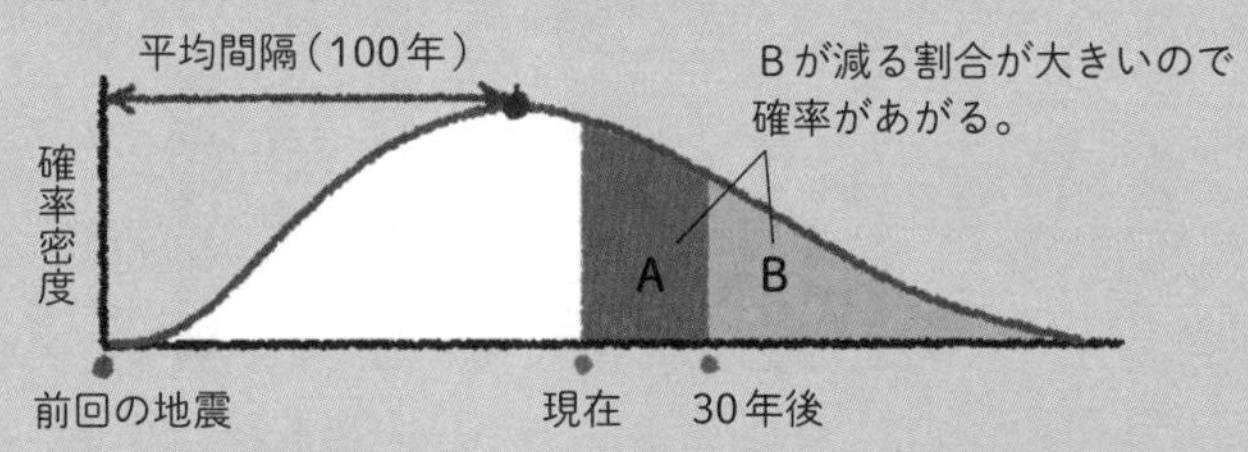

03

迷惑メールは、確率計算によって判定される

気づかないうちに、仕分けされている

パソコンやスマートフォンで、迷惑メールが届いても、気づかないうちに仕分けされていませんか。そこには、確率が活用されています。その仕組みを知るために、左のイラストのようなA、Bの二つの箱を思い浮かべてください。Aの箱は「迷惑メール送信者が使う言葉の箱」、Bの箱は「通常の送信者が使う言葉の箱」とします。

迷惑メールで使われる単語かどうか

メールが送られてきたとき、コンピューターがメール内で使われている単語を分析します。**各単語は、過去のメールのデータをもとに、迷惑メールでよく使われる単語なのかどうかの〝危険度〟が事前に計算されています。メールの中に危険度の高い単語が多ければ、迷惑メール送信者から送られてきた可能性が高いことになります。**

こうして、「迷惑メールである確率」(迷惑メール送信者から送られてきた確率)を計算します。計算によって出された迷惑メールである確率が基準値以上なら、そのメールは迷惑メールと判定されるのです。こうした計算は、くりかえし行うことで精度が高まっています。

迷惑メールの判定方法

Aの箱は、迷惑メール送信者が使う言葉の箱なので、危険度の高いピンク色の玉が多くなっています。Bの箱は、通常の送信者が使う言葉の箱なので、危険度の低いグレーの玉が多くなっています。

メールは、迷惑メール送信者から送られてきたのか、
通常の送信者から送られてきたのか

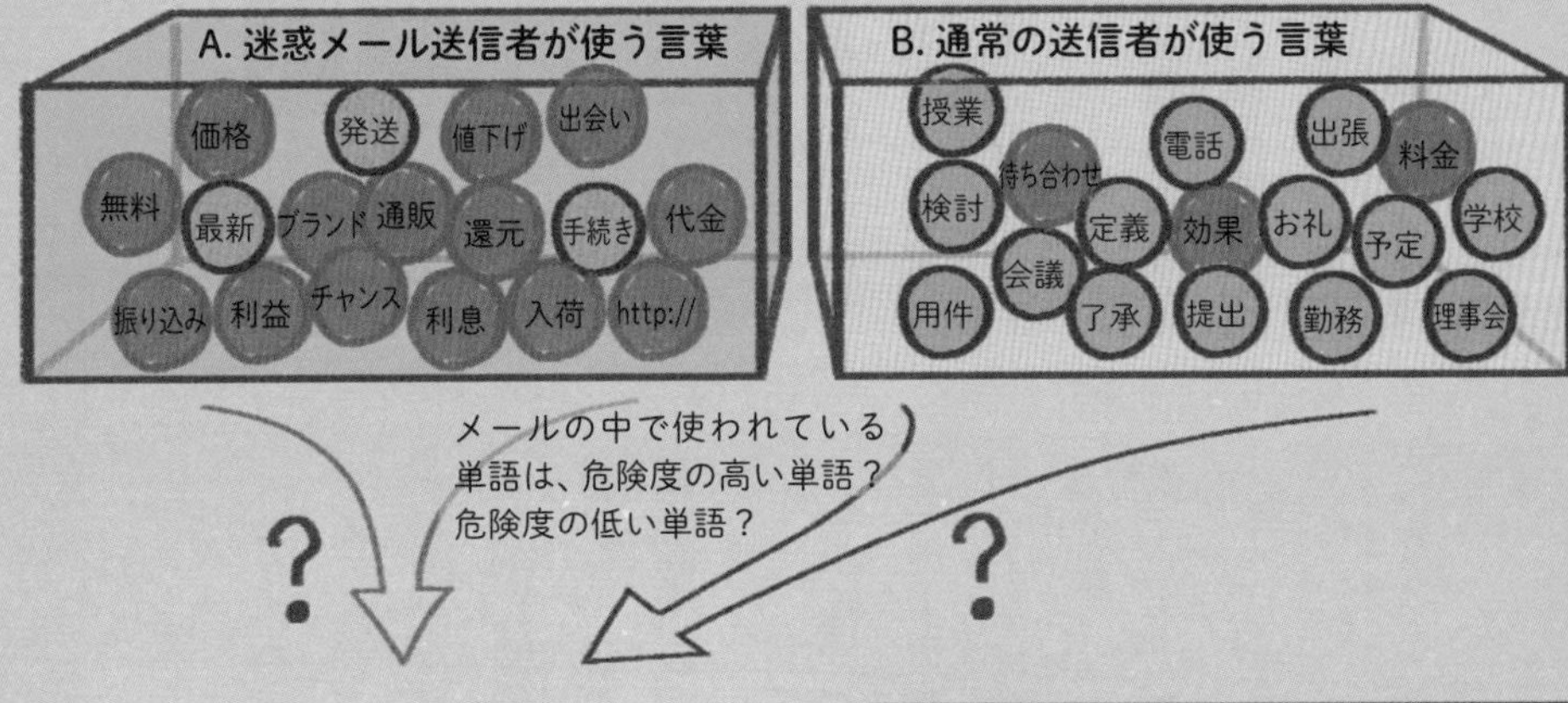

人気ブランドを大幅値下げ

差出人：××××××（××××@×××.ne.jp
送信日時：2009年6月3日 水曜日 2：37PM
宛先：××××××（××××@×××.ne.jp
件名：人気ブランドを大幅値下げ

人気ブランドが驚きの価格に！

さらに今だけ円高還元セールを開催中
表示価格からすべて3,000円引き！

この機会をお見逃しなく！
http://×××××××××××××

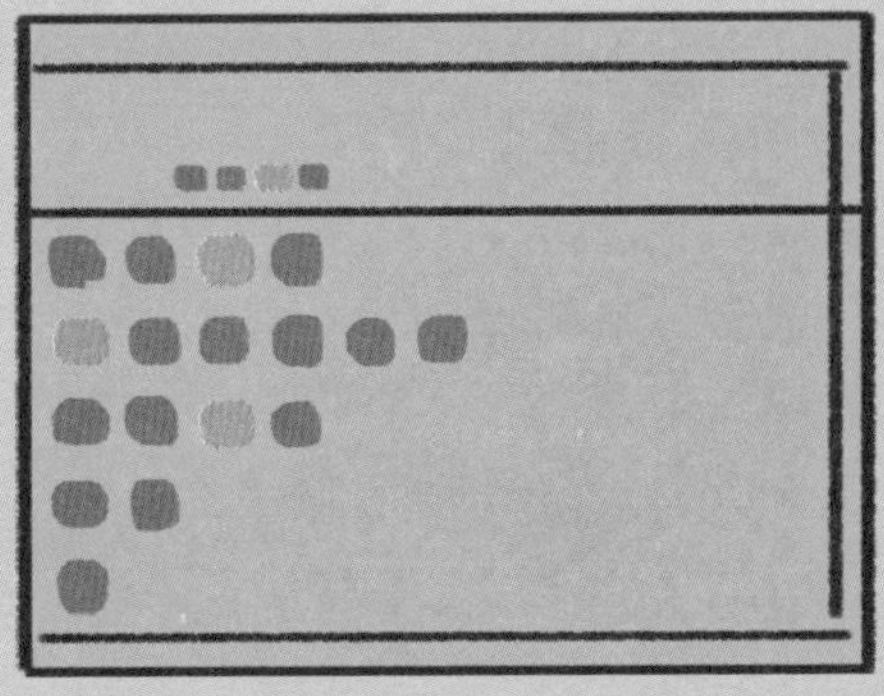

メールの中で使われている単語を、メールを開く前にコンピューターに自動的に分析させます。

メールの中に、危険度の高い単語が多ければ、迷惑メールである確率が高くなります。迷惑メールである確率が基準値以上なら、迷惑メールと判定されます。

スパムメールは、缶詰のメール？

迷惑メールのことを、「スパムメール」ともいいます。この「スパム」とは、何のことなのでしょうか。**実はスパムは、加工肉缶詰のスパムのことです。**沖縄やハワイで人気の、スパムおにぎりのスパムだといえば、わかるでしょうか。

そのスパムが迷惑メールを表すようになったのは、イギリスの人気コメディー番組「空飛ぶモンティ・パイソン」のコントに由来します。ある夫婦がレストランに入ったところ、メニューがスパムの入った料理ばかりでした。夫婦は抗議をしましたが、店員や周囲の客は「スパム」と連呼するばかりという不条理な内容です。**同じ言葉が理不尽にくりかえされる様子が、迷惑メールに通じると考えられたのだといいます。**

その後、缶詰を製造する会社が、製品の「SPAM」と迷惑メールを区別してほしいとの声明を出しました。その結果、迷惑メールは、「spam」と小文字で表記するのが一般的になりました。

Column

04

20代の死亡率は0・059％。保険料はいくらになる？

死亡率を基準に、保険の金額を設定

財団法人日本アクチュアリー会では、各保険会社から提供された過去の統計データをもとに、年齢別の1年間の死亡率を集計し、公表しています。**たとえば、20歳の男性が1年間に死亡する確率は0・059％、40歳の男性では0・118％、60歳の男性では0・653％です（2018年）。**各保険会社は、この死亡率を基準に、保険の金額を設定します。

保険会社が支払う総額を、加入者で負担

例として、1年間の保険契約期間内に死亡したら1000万円が支払われるという、シンプルな生命保険を考えてみます。ただし、金利や保険会社の経費などについては、考慮に入れないことにします。

仮に、年齢ごとに10万人が加入するとします。20歳男性の場合は、1年間の死亡率が0．059％であることから、59人が亡くなると予測されます。保険会社が支払う保険金の総額は、59人×1000万円＝5億9000万円です。**この5億9000万円を加入者10万人で負担すると、20歳の加入者1人あたりの保険料は5900円となります。**このようにして、保険料は算出されているのです。

生命保険のしくみ

1年間の契約期間内に死亡すると1000万円が支払われる生命保険を、20歳、40歳、60歳の男性で考えました。保険会社の経費等を含んでいないため、実際はもっと高くなります。

年齢別に見た日本人男性の1年間の死亡率（2018年）

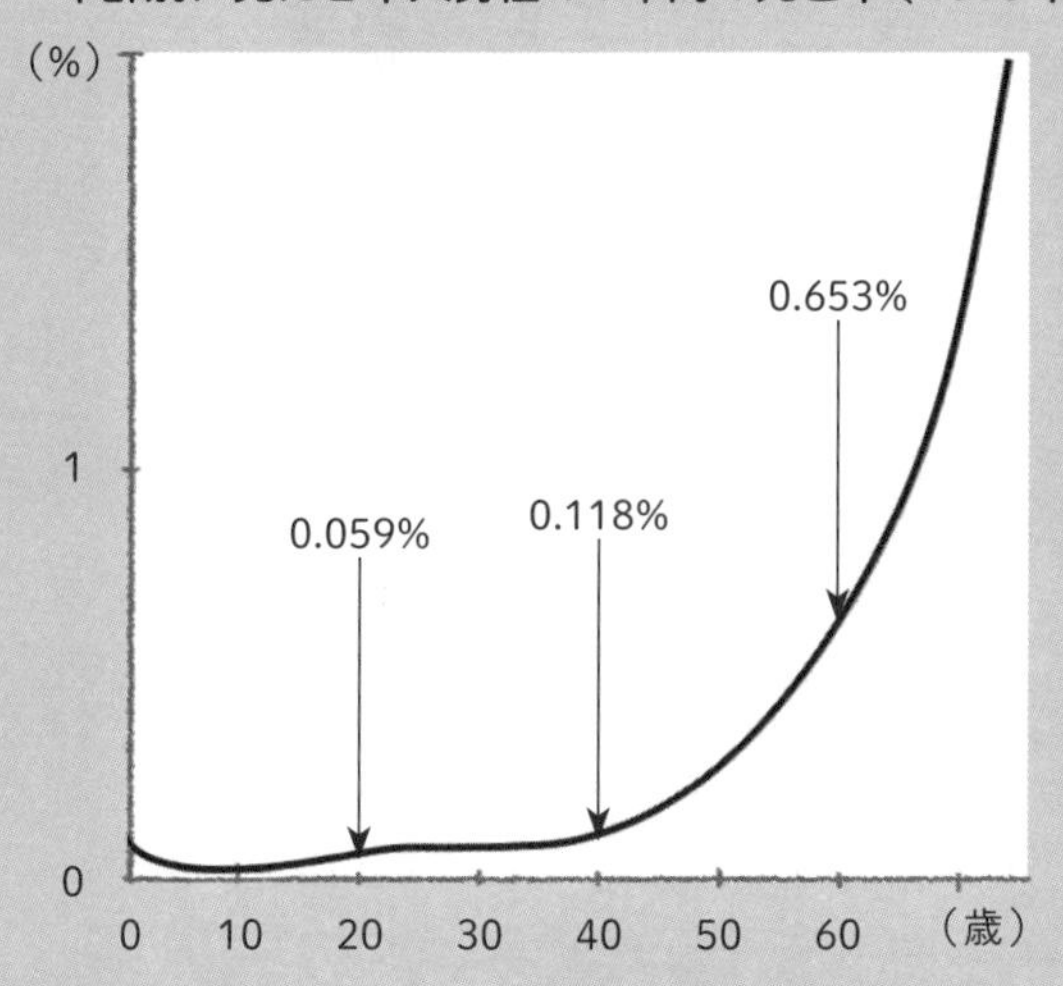

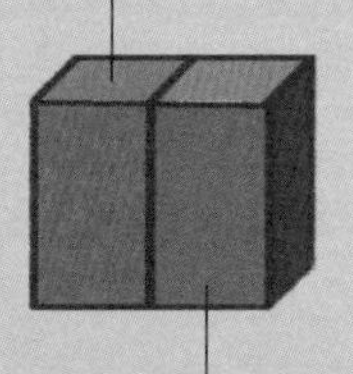

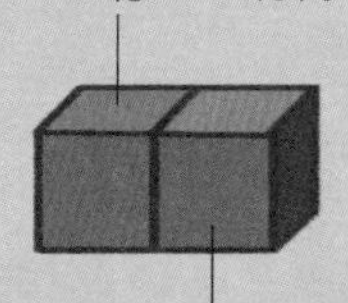

DNA鑑定がまちがう確率

身元の確認や犯人の特定などの際に、絶大な威力を発揮するのが、「DNA鑑定」です。**最近では技術の向上によって、DNA鑑定があやまって別人と判定してしまう確率は、数億分の1〜数兆分の1ともいわれています。**

ここで、次のような問題を考えてみましょう。ある裁判で容疑者のDNA鑑定を行ったところ、犯人のDNAと一致しました。鑑定を行った専門家によると、DNA鑑定が別の人と偶然に一致する確率は1億分の1だといいます。一方で弁護団が調査したところ、鑑定を行った研究所の人為的なミスでまちがった鑑定結果となる可能性は、100分の1でした。容疑者が真犯人ではない確率は、どれくらいと考えられるでしょうか。

この場合、DNA鑑定の偶然の一致と研究所の人為的なミスが、同時におきる可能性はほとんど無視できます。したがって容疑者が真犯人でない確率は、左ページの①となり、ほとんど100分の1と一致します。**つまり、研究所の人為的なミスだけに注目すればよいことになります。**

Column

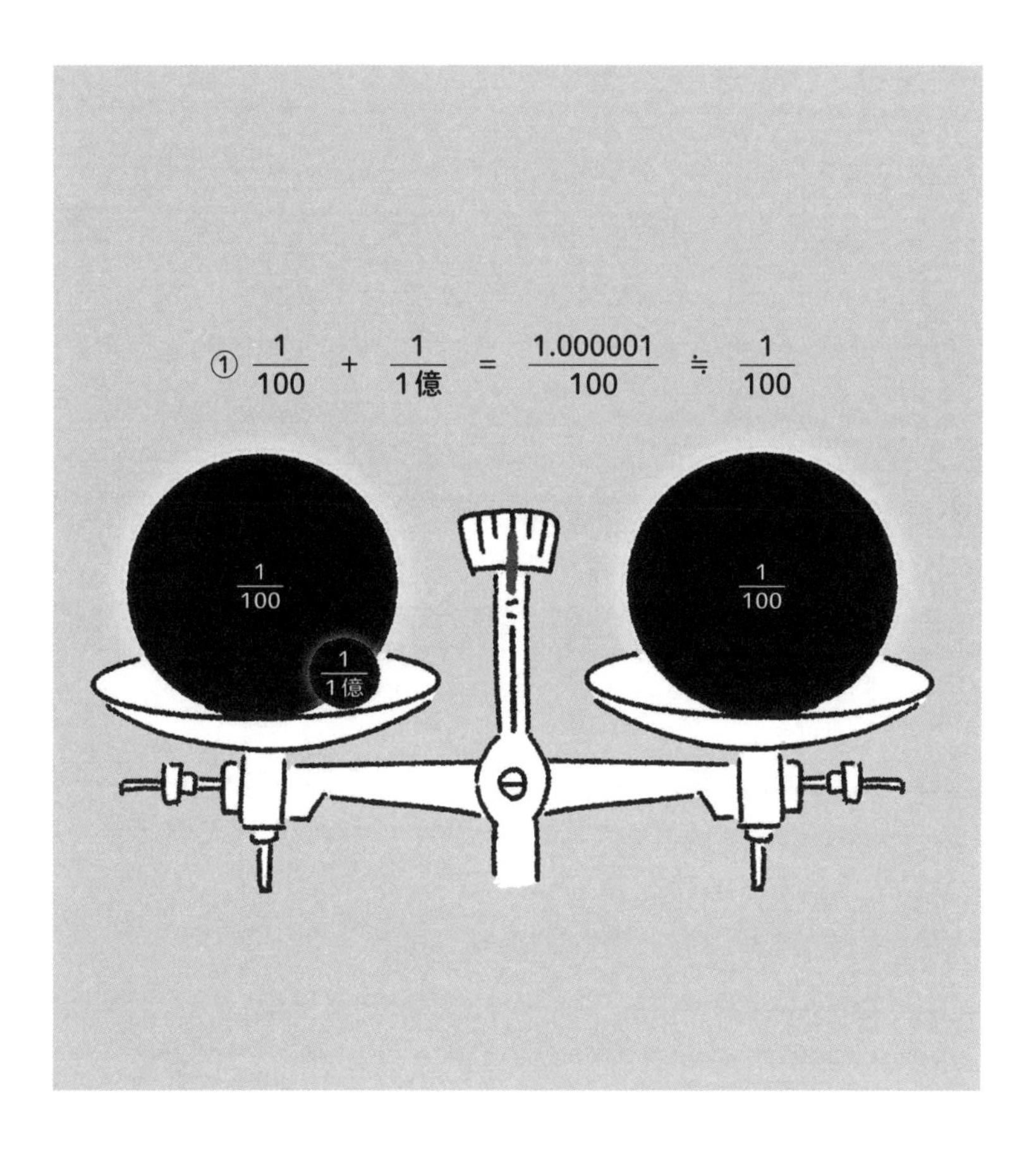

① $\frac{1}{100} + \frac{1}{1億} = \frac{1.000001}{100} \fallingdotseq \frac{1}{100}$
$\frac{1}{100}$
$\frac{1}{1億}$
$\frac{1}{100}$

最強の教科書編

第5章 確率の超基本

確率論は、数学の一分野に位置づけられています。第5章では、その基本となる考え方を、具体例をまじえながら紹介します。また、どのような歴史をたどってきたのかも取り上げます。

01

— 確率の種類 —

確率とは何だろう。「数学的確率」と「統計的確率」

おきやすさの程度を数値化

日常生活でも、確率は知らず知らずのうちに使われています。「今月の彼は5割バッターだから安心だ」、「勝つのは5分5分だな」というような会話を経験したことはないでしょうか。**確率とは、このようなおきやすさの「程度」を、数値化したものです。**

「数学的確率」は、理論的に計算で求める

次に、「数学的確率」と「統計的確率」という、二つの確率について考えていきましょう。「数学的確率」とは、たとえばサイコロを振って偶数の目が出る確率＝$\frac{1}{2}$などです。おきうるすべての場合の数（サイコロのすべての目の数）と、求める場合の数（サイコロの偶数の目の数）の比率で求めることができます。**同じことがおきる可能性を、理論的に計算で求めるのが、数学的確率です。**

一方の「統計的確率」とは、統計を使ってある現象がおきる頻度を求めることをいいます。打率の例の場合、5割という数値はこれまでの試合での統計を使って導きだしています。したがって、今後の打率が同様であるかどうかまではわかりません。

数学的確率と統計的確率

数学的確率と統計的確率の大きなちがいは、計算だけで求められるかどうかです。数学的確率は、計算だけで求められます。一方、統計的確率は、前提となる統計データを得るための作業が必要です。

数学的確率

$$確率 = \frac{求める場合の数}{おきうるすべての場合の数}$$

（例）サイコロを1回振った場合に1が出る確率

$\frac{1}{6}$

統計的確率

$$確率 = \frac{事象のおきた回数}{試行回数}$$

（例）ウサギをつかまえた場合に茶色いウサギである確率

$\frac{3}{10}$

02

—場合の数—

数学的確率の計算には、「場合の数」が重要！

ある事象がおきる場合は、何通りあるか

数学的確率は、理論的に計算で求めることができます。数学的確率を求める際には、「場合の数」が重要となります。**場合の数とは、ある事象がおきる場合は何通りあるかを示す数のことです。**この場合の数について、具体的に考えてみましょう。

サイコロを振ったときに、奇数の目が出る確率を考えます。このとき、すべてのおきうる場合の数は、目の数と同じ1～6の6通りとなります。一方、奇数の

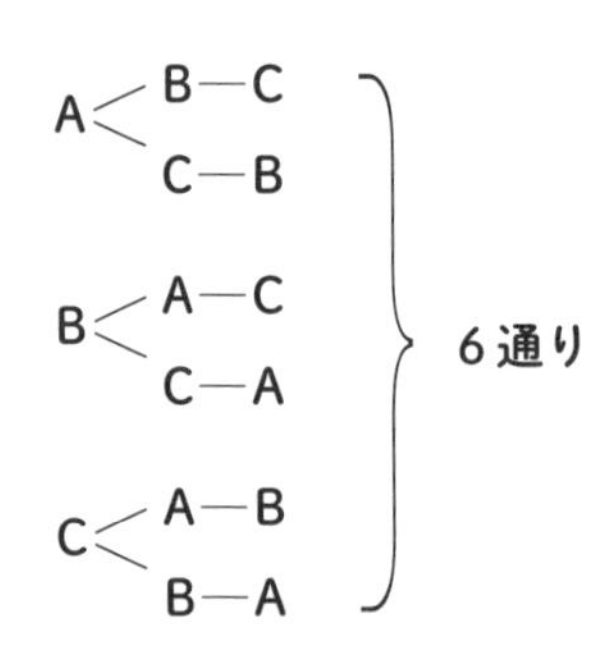

目が出る場合の数は、1、3、5の3通りです。したがって、求める確率は、$\frac{3}{6}=\frac{1}{2}$となります。

樹形図を使って、もれなく数える

数があまり多くなければ、場合の数を樹形図で考えると便利です。 樹形図は、樹木の枝のようにすべての場合を配置して、もれなく数える方法です。たとえば、A、B、Cの3人の並び方を、樹形図を使って数えてみましょう。Aが先頭の場合は、A－B－C、A－C－Bの2通りがあります（右ページ下のイラスト）。BとCが先頭の場合も、2通りずつあるので、合計で6通りとなります。

数学的確率と場合の数

数学的確率を求める際には、場合の数が必要になります。
場合の数を数えるときは、樹形図で考えると便利です。
とくに数が少ないときには、効果的といえます。

数学的確率

$$\text{確率}=\frac{\text{求めたい場合の数}}{\text{すべてのおきうる場合の数}}$$

（例）サイコロを振ったときに奇数の目が出る確率

$$\text{確率}=\frac{\text{サイコロの奇数の目の数}}{\text{サイコロの目の数}}=\frac{3}{6}=\frac{1}{2}$$

03

— 順列 —

1～9の9枚のカードで、2桁の数字はいくつできる?

10の位が9通り、1の位が8通りで72通り

場合の数について、さらに考えてみましょう。1～9の数字が一つずつ書かれたカードが9枚あります。9枚のカードから2枚を取りだして2桁の数字をつくるとき、2桁の数字は何通りできるでしょうか。たとえば、最初に取りだしたカードを10の位とし、次に取りだしたカードを1の位にする場合、10の位は1～9の9通りで、1の位は8通りです。

①$9 \times 8 = 72$通り

したがって、場合の数は、①となります。

順番を区別して並べることを、「順列」という

n個のことなるものからr個を取りだして、順番を区別して並べる場合の数を、「順列」といいます。順列という意味の英語の「permutation（パーミュテーション）」の頭文字をとって、「$_n P_r$」とあらわします。1個目を取りだすときはn通りがあり、2個目を取りだすときは1個目の分を除いた（n－1）通りがあります。r個目を取りだすときは（n－r＋1）通りとなり、式は②のようになります。

「!」は「階乗」をあらわす記号で、ある数字以下の数をすべてかけ合わせるという意味です。4!なら、4×3×2×1＝24です。

②$_n P_r = n \times (n-1) \times (n-2) \times \cdots \times (n-r+1) = \frac{n!}{(n-r)!}$

順列の考え方と式

1～9の数字が書かれた9枚のカードから、2枚を取りだして
2桁の数字をつくる場合を、樹形図を使ってあらわしました。
ここでは、最初に取りだしたカードを10の位としています。

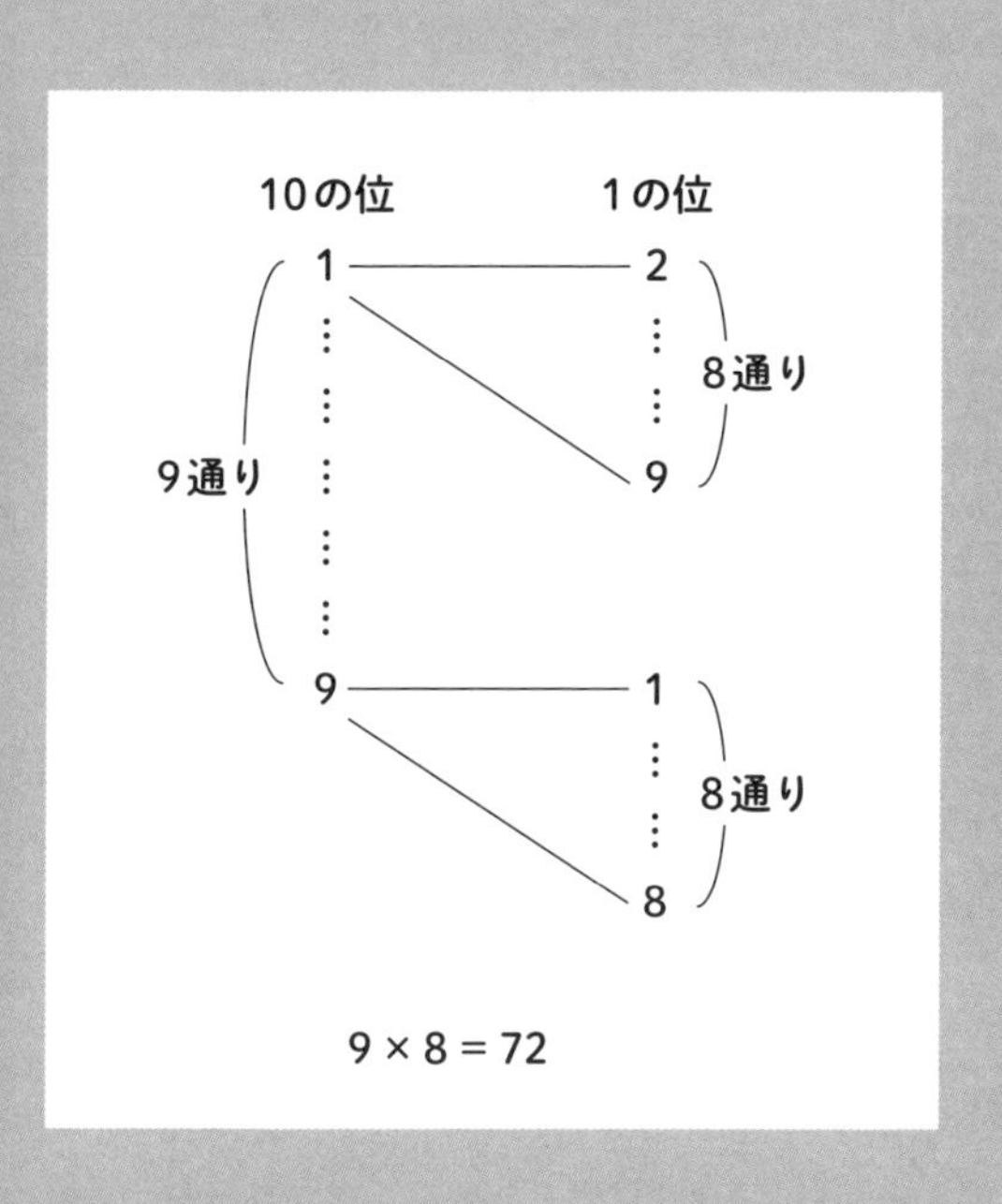

順列の式

$$_{n}P_{r} = n \times (n-1) \times (n-2) \times \cdots \times (n-r+1) = \frac{n!}{(n-r)!}$$

9枚のことなるカードから2枚を取りだして並べるときは、
n=9、r=2をあてはめます。
↓

$$_{9}P_{2} = \frac{9!}{(9-2)!} = \frac{9 \times 8 \times 7 \times 6 \times 5 \times 4 \times 3 \times 2 \times 1}{7 \times 6 \times 5 \times 4 \times 3 \times 2 \times 1} = 72$$

トランプの並べ方

Q&A

中島くんが、友人の山口くんに、おぼえたての手品を披露しています。中島くんの手品は、ジョーカーを除いて並べた52枚のトランプの中から、山口くんが選んだカードを引き当てるというものです。

山口：うわ、また当たった……。何これ。
中島：すごいだろ、タネもしかけもないよ。
山口：トランプ、よく切ったの？
中島：もちろんよく切ったよ、見てただろ。
山口：それなら、きっとたまたまトランプが同じ
　並び順になっただけにちがいない！
中島：そんなわけないだろ、52枚もあるんだから。

ここで問題です。ジョーカーを除く52枚のトランプの並べ方は、全部で何通りあるでしょうか。答は、計算式だけでよいとします。

Q 52枚のトランプの並べ方は、何通り？

1.
2.
3.

A

52枚のトランプの並べ方は、52!通り。

52枚のトランプからカードを1枚ずつ取りだして、順番を区別して並べる場合の数は、順列です。1枚目は、52枚から選ぶので、52通りあります。2枚目は、残りの51枚から選ぶので、51通りあります。3枚目は、残りの50枚から選ぶので、50通りあります。これを52枚目まで考えると、並べ方は52×51×50×…×1通りとなり、52!通りあることがわかります。この52!は、計算すると68けたもの巨大な数になります。

現在の宇宙の年齢は、約138億歳とされています。138億は11けたの数なので、68けたの数には遠くおよびません。宇宙の年齢をおおまかに秒に換算しても、18けたの435196800000000000秒にしかなりません。これは、52枚のトランプを1秒に1回並べたとしても、すべての並べ方で並べてみるには、宇宙の年齢以上の時間が必要であることを意味しています。つまり、よく切られたトランプが、偶然同じ並び順で並ぶことなど、まずないのです。

中島：な、偶然じゃなかっただろ？

山口：ほんとだね〜。じゃあ、タネを教えてよ。

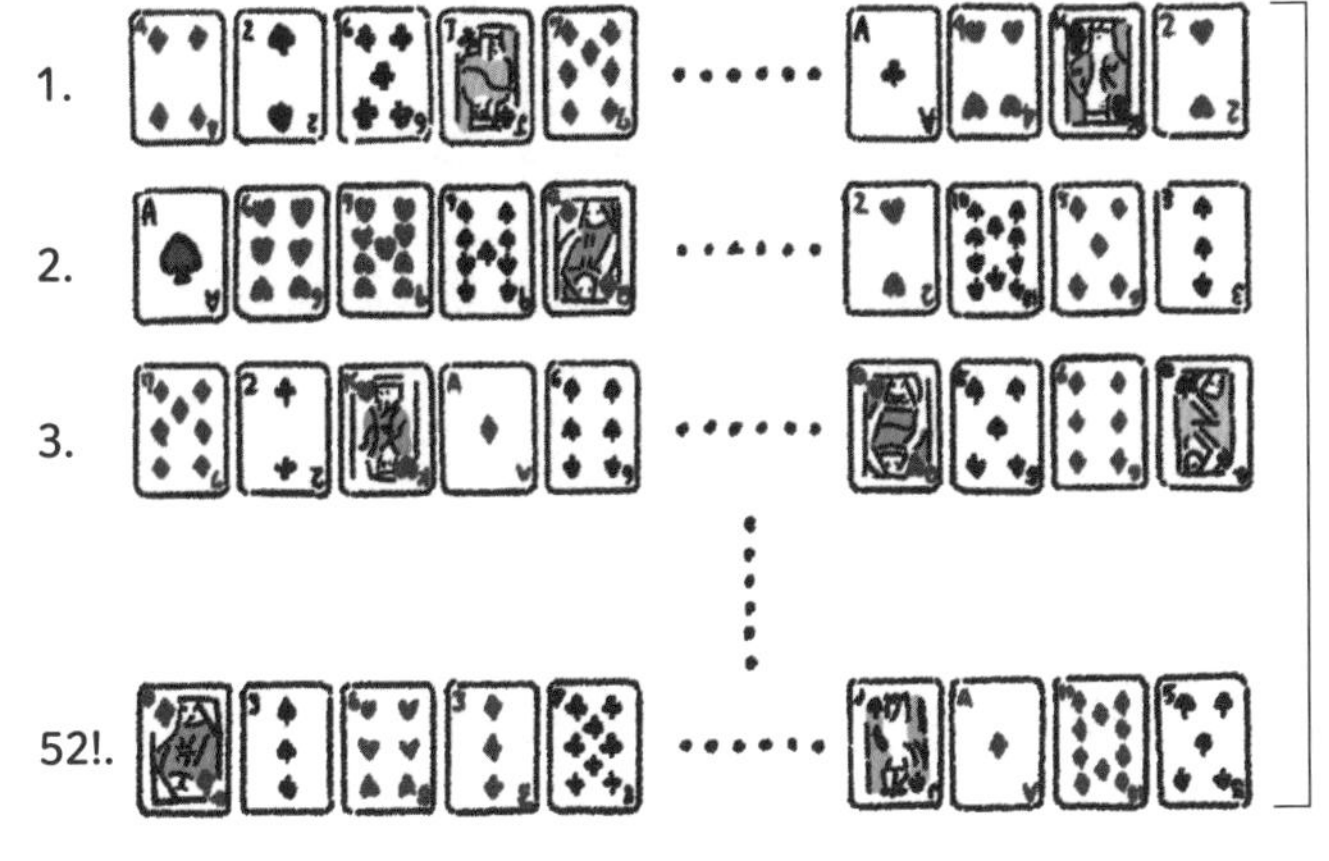
1.
2.
3.
52!.
52!通り
※約 8×10 の 67 乗

04

— 組み合わせ —

1~9の9枚のカードから、2枚選ぶ組み合わせは？

「組み合わせ」は、引いた順番は関係ない

102~103ページでは、2枚のカードの並べ方（順列）を考えました。こんどは、2枚のカードの「組み合わせ」を考えてみましょう。組み合わせでは、たとえば1枚目に1を引いて2枚目に2を引いた場合と、1枚目に2を引いて2枚目に1を引いた場合を、同じと考えます。**したがって、1~9の数字が書かれた9枚のカードから2枚を引く場合、場合の数は、①となります。**

①$9 \times 8 \div 2 = 36$通り

組み合わせの式は、順列の式を応用する

n個のことなるものからr個を取りだす場合の数を、「組み合わせ」といいます。組み合わせという意味の英語の「combination（コンビネーション）」の頭文字をとって、「${}_{n}C_{r}$」とあらわします。${}_{n}C_{r}$は、順列の式を使って、②のように計算します。

②
$$ {}_{n}C_{r} = \frac{{}_{n}P_{r}}{r!} = \frac{n \times (n-1) \times (n-2) \times \cdots \times (n-r+1)}{r \times (r-1) \times (r-2) \times \cdots \times 1} $$
$$ = \frac{n!}{r!(n-r)!} $$

組み合わせの考え方と式

1～9の数字が書かれた9枚のカードから、2枚を取りだして組み合わせる場合をあらわしました。組み合わせでは、1と2を選んだ場合と、2と1を選んだ場合は同じと考えます。イラストに示した二つの三角形は、同じまとまりになります。

	1	2	3	4	5	6	7	8	9
1	×	12	13	14	15	16	17	18	19
2	21	×	23	24	25	26	27	28	29
3	31	32	×	34	35	36	37	38	39
4	41	42	43	×	45	46	47	48	49
5	51	52	53	54	×	56	57	58	59
6	61	62	63	64	65	×	67	68	69
7	71	72	73	74	75	76	×	78	79
8	81	82	83	84	85	86	87	×	89
9	91	92	93	94	95	96	97	98	×

場合の数は、「順列」か「組み合わせ」かを考えることが大事だよ。

組み合わせの式

$${}_{n}C_{r} = \frac{{}_{n}P_{r}}{r!} = \frac{n!}{r!(n-r)!}$$

9枚のことなるカードから2枚を取りだして並べるときは、
n=9、r=2をあてはめます。
↓

$${}_{9}C_{2} = \frac{9!}{2! \times (9-2)!} = \frac{9 \times 8 \times 7 \times 6 \times 5 \times 4 \times 3 \times 2 \times 1}{(2 \times 1) \times (7 \times 6 \times 5 \times 4 \times 3 \times 2 \times 1)} = \frac{72}{2} = 36$$

長方形は何種類つくれる？

Q&A

定期テストの期間中、散らかった部屋を見て、どうしても片づけたくなった山口くん。部屋の壁一面に棚をつくり、ものをしまうことにしました。棚は、縦に5段、横に7列の長方形のマスからなるもので、マスどうしをつなげて大きな長方形にすることもできます。趣味の多い山口くんの部屋には、テレビや観葉植物、マンガ本など、大小さまざまなものがあります。山口くんは、すべてのものを棚にきれいに収めたくて、マスをどのようにつなげようかと、頭を悩ませています。

山口：こういうのって、美的センスが問われるよな。でもいったい、長方形は何種類つくれるんだろう。

ここで問題です。縦に5段、横に7列の長方形のマスを組み合わせてできる長方形は、何種類あるでしょうか？

長方形のマスを組み合わせてできる長方形は、何種類？

最強
NEWS

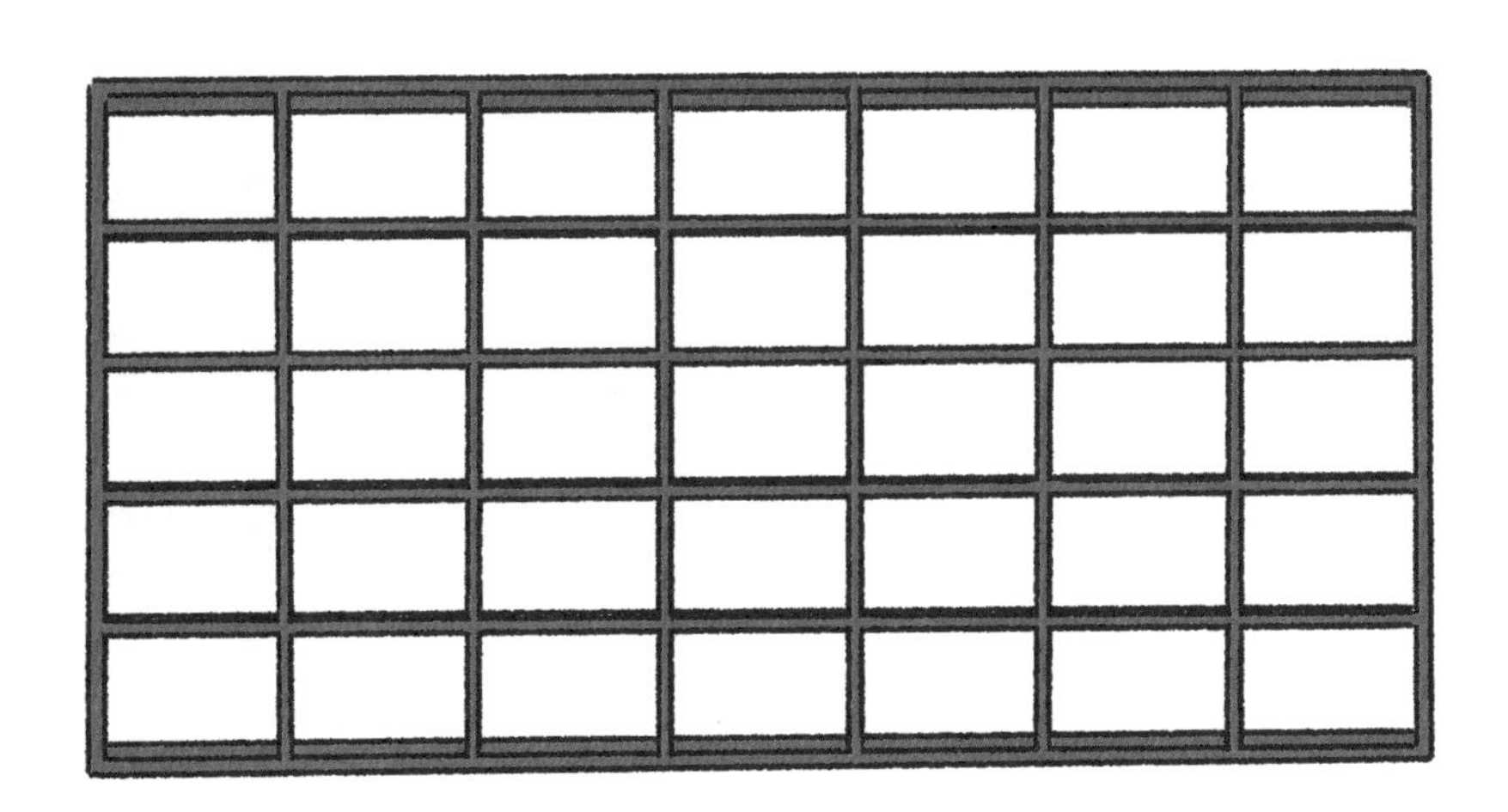

けっこう多い

A　マスを組み合わせてできる長方形は、420種類

山口くんの悩みは、組合せの問題としてとらえることができます。問題を、次のように読みかえてみましょう。「垂直に引かれた8本の直線のうちの2本と、水平に引かれた6本の直線のうちの2本を組み合わせて長方形をつくるとき、組み合わせは何通りあるでしょうか」。

8本の縦線から2本を選ぶ組み合わせは、1本目の候補が8本、2本目の候補が7本で、1本目と2本目の順番は区別しないため、下の①のように28通りです。②の組み合わせの公式を使えば、③となります。

また同様に、6本の横線から2本を選ぶ組み合わせは、15通りです。28通りの縦線のセットと15通りの横線のセットからできる長方形は、④のように420種類となります。

山口：420種類もあるなんて、ますます悩みが深まってしまった……。テストの勉強、どうしよう。

① $\frac{8 \times 7}{2} = 28$

② ${}_{n}C_{r} = \frac{{}_{n}P_{r}}{r!} = \frac{n!}{r!(n-r)!}$

③ $\frac{8!}{2!(8-2)!} = 28$

④ $28 \times 15 = 420$

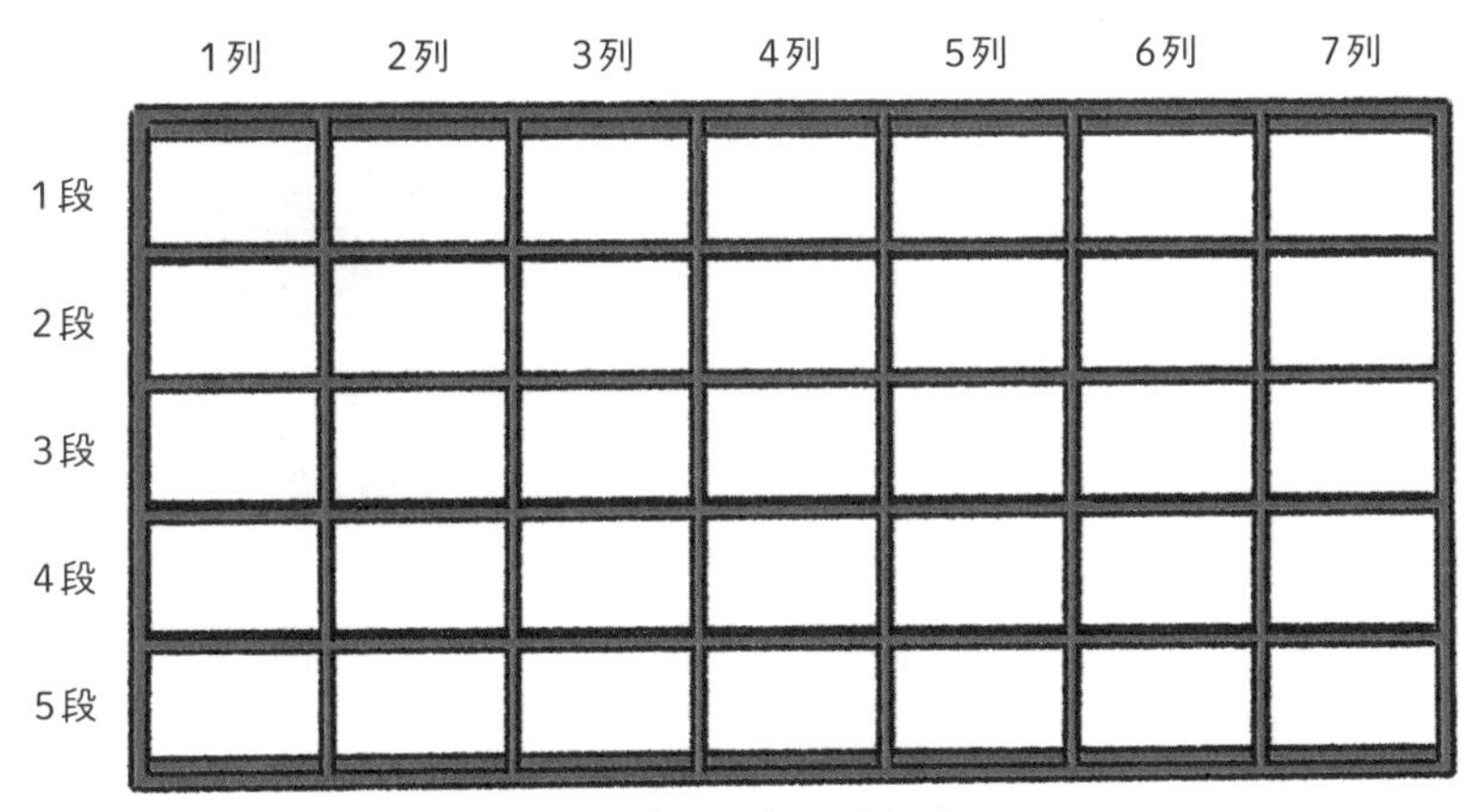
1列
2列
3列
4列
5列
6列
7列
1段
2段
3段
4段
5段

合計35個の長方形

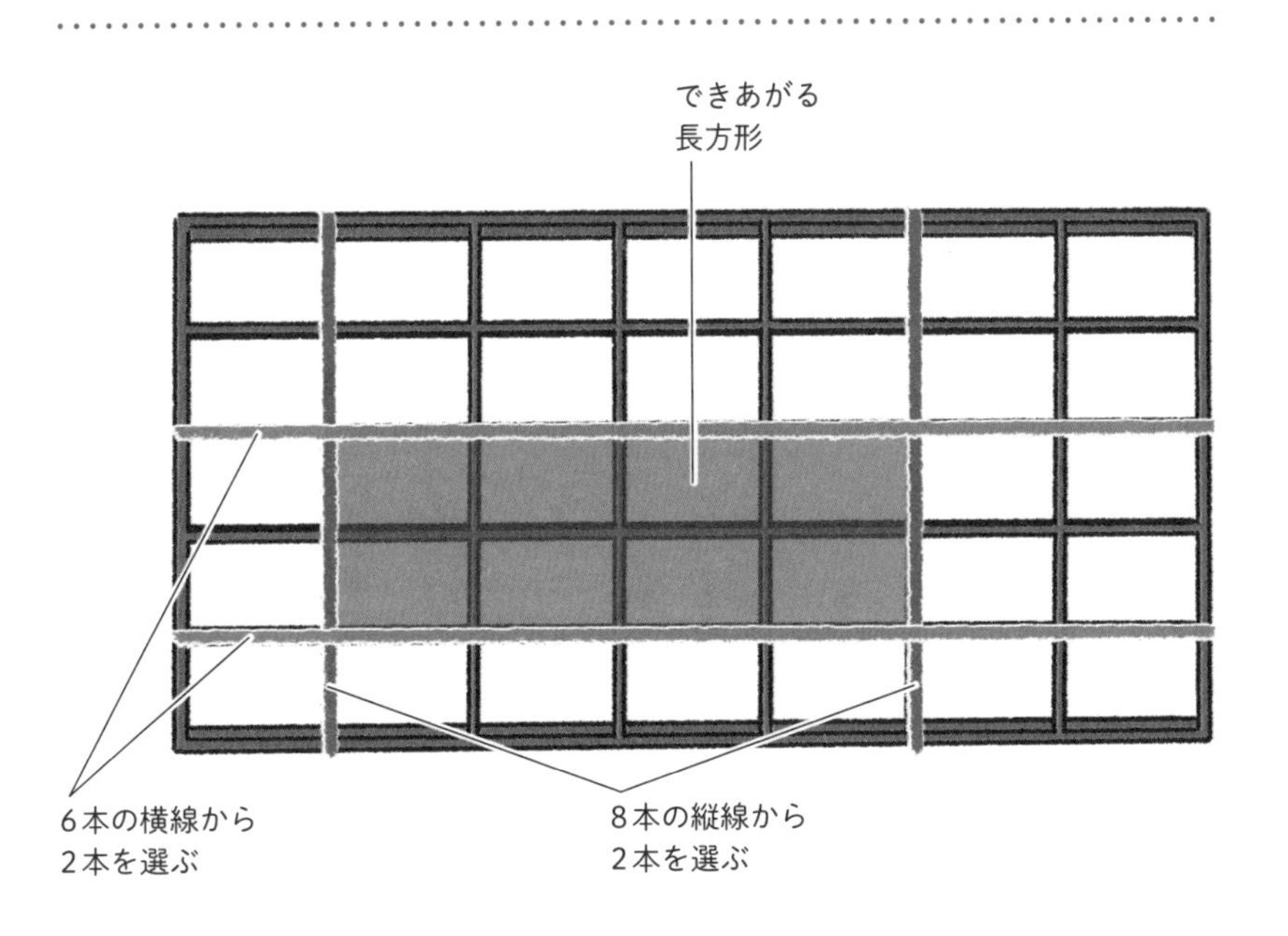
できあがる
長方形
6本の横線から
2本を選ぶ
8本の縦線から
2本を選ぶ

05

— 順列と組み合わせ —

三つのサイコロの合計、出やすいのは10と11

10と11は、27通りある

三つのサイコロを振ったときの、出た目の合計を考えてみましょう。たとえば、合計が9となる目の出方は、25通りあります。合計が10となる目の出方は、27通りです。つまり、10の方が出やすいことがわかります。ほかの場合も考えてみると、11になる場合も27通りあります。**三つのサイコロを振ったときの目の合計のうち、出やすいものは10と11ということになります。**

「組み合わせ」ではなく、「順列」で考える

確率を考えるときに注意すべき点は、状況に応じて「順列」なのか「組み合わせ」なのかを、見きわめることです。**三つのサイコロを振ったときの目の合計について、出やすいものを知りたいときは、順列で考えます。**

左のイラストを見るとわかるように、たとえば(1、3、6)の三つの目で10になるとき、組み合わせで考えると一つの場合しかありません。しかし、順列で考えると(1、3、6)(1、6、3)(3、1、6)(3、6、1)(6、1、3)(6、3、1)という六つの場合があることがわかります。順列で考えなければ、出やすいものを知ることができないのです。

目の合計が10になる場合

三つのサイコロを振ったときの目の合計が、10になる場合をイラストにしました。上段は三つのサイコロを区別しない考え方で、下段は三つのサイコロを区別した考え方です。

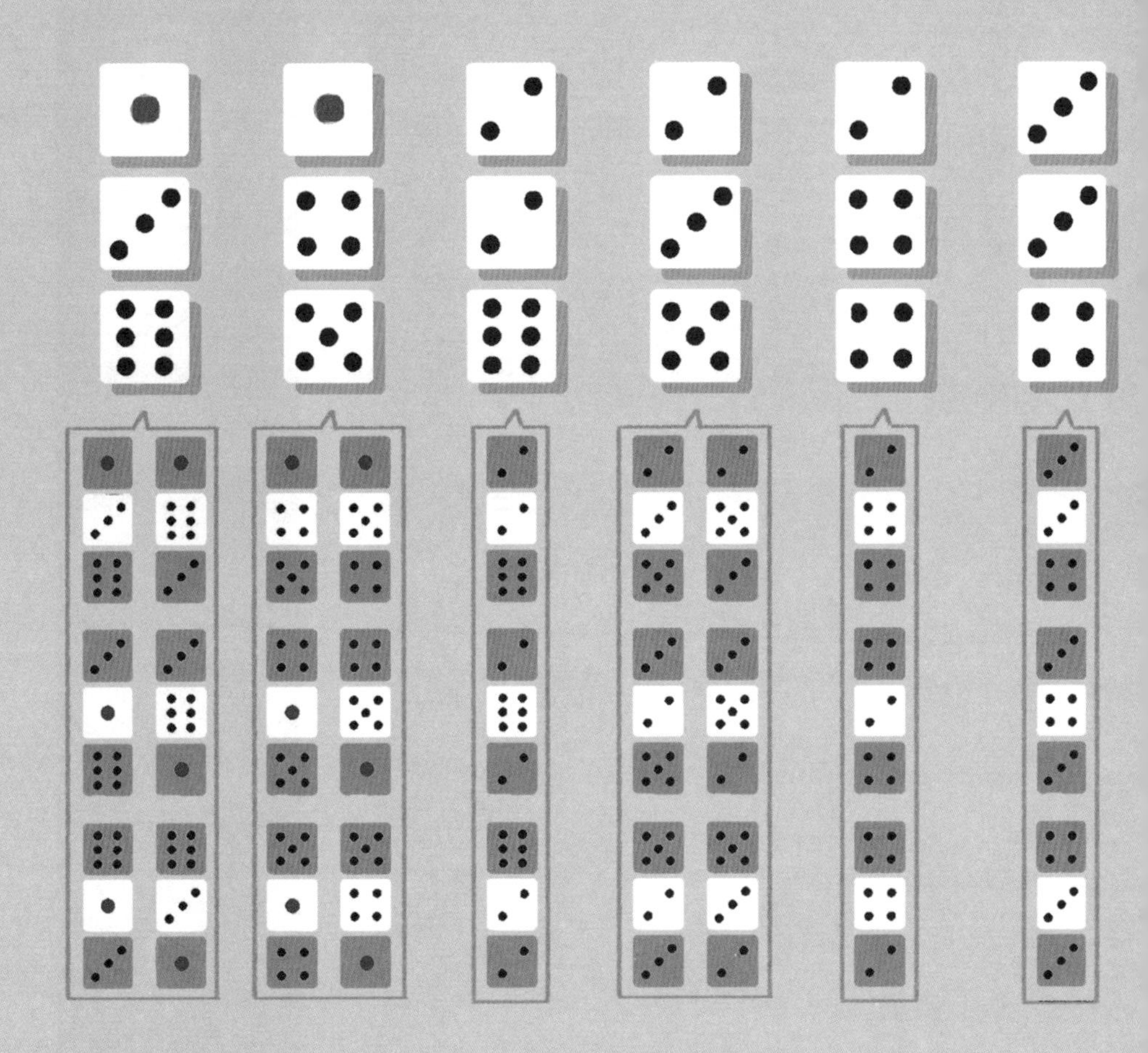

サイコロ問題 Q&A

高校3年生の中島くんと山口くん。昼食の時間に、サイコロでちょっとした賭けをすることになりました。

中島：今日は俺、菓子パンだけだよ……。おい山口、サイコロが二つあるから、ゾロ目がでたら唐揚げ1個くれよ。

山口：いいけど。でも、ゾロ目がでる確率って知ってる？

中島：えっ……。

ここで問題です。赤と白の二つのサイコロを振ったとき、二つの目が等しくなる確率はどれくらいでしょうか（Q1）。

その日の帰り道――。中島くんは、何やら神妙な面もちです。

中島：俺、進学するか音楽の道に進むか、迷ってるんだよね。そうだ、この二つのサイコロを振って、最大値が2だったら進学しようかな。あっ、最大値は3にしようかな。

山口：いいんじゃやない。でも、確率わかっていってるの？

ここで問題です。赤と白の二つのサイコロを振ったとき、最大値が2である確率と3である確率は、それぞれどうなるでしょうか（Q2）。

Q1

二つのサイコロの目が等しくなる確率は？

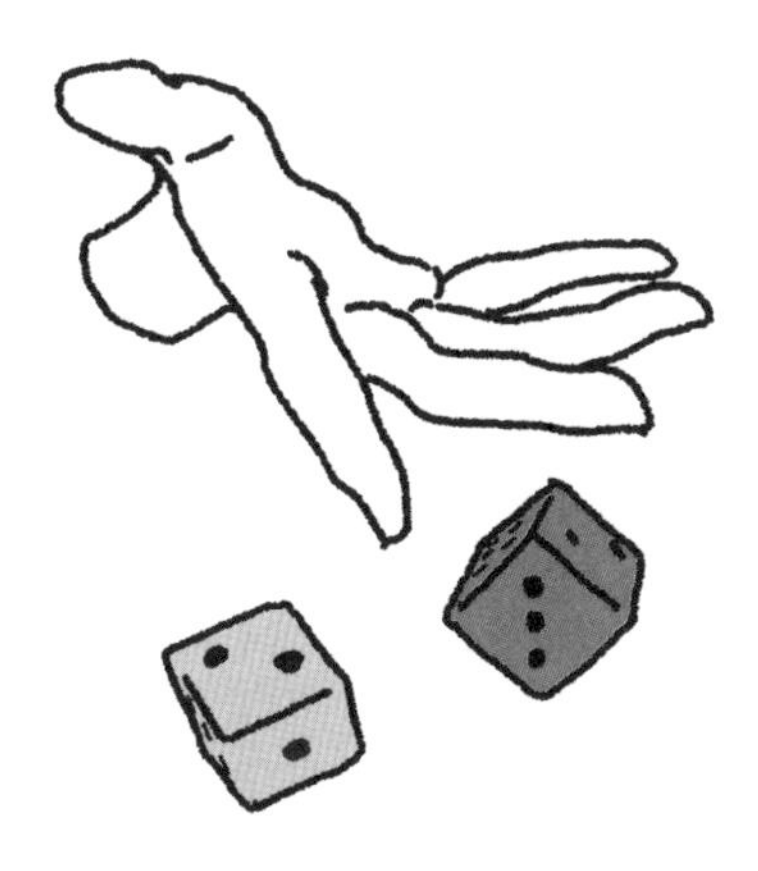

Q2

（1）二つのサイコロの目の最大値が、
「2」である確率は？
（2）二つのサイコロの目の最大値が、
「3」である確率は？

進学したくない!?

二つのサイコロの目の出方は、6×6で36通りです。赤と白のサイコロの目が等しくなるのは、(1、1)(2、2)(3、3)(4、4)(5、5)(6、6)の6通りです。確率は、$\frac{6}{36}=\frac{1}{6}$となります(A1)。

中島：$\frac{1}{6}$か。あんまり高くないな。

山口：お前、ほんとに唐揚げを食べたいのか？　俺ならもっと高い確率の勝負をするけどな。

中島：いや、そこまで深く考えてないんだけど……。

二つのサイコロの目の出方は、6×6で36通りです。二つのサイコロの目の最大値が2になるのは、(2、1)(2、2)(1、2)の3通りです。確率は、$\frac{3}{36}=\frac{1}{12}$となります。一方、二つのサイコロの目の最大値が3になるのは、(3、1)(3、2)(3、3)(2、3)(1、3)の5通りです。確率は、$\frac{5}{36}$となります(A2)。

中島：じゃあ、最大値2でいいかな。

山口：進学したくないんじゃん！

A1

二つの目が等しくなる確率は、$\frac{1}{6}$

赤＼白	1	2	3	4	5	6
1	(1、1)	(1、2)	(1、3)	(1、4)	(1、5)	(1、6)
2	(2、1)	(2、2)	(2、3)	(2、4)	(2、5)	(2、6)
3	(3、1)	(3、2)	(3、3)	(3、4)	(3、5)	(3、6)
4	(4、1)	(4、2)	(4、3)	(4、4)	(4、5)	(4、6)
5	(5、1)	(5、2)	(5、3)	(5、4)	(5、5)	(5、6)
6	(6、1)	(6、2)	(6、3)	(6、4)	(6、5)	(6、6)

■：赤と白のサイコロの目が等しい事象
■：赤より白のサイコロの目が大きい事象
■：白より赤のサイコロの目が大きい事象

A2

（1）二つのサイコロの目の最大値が「2」である確率は、$\frac{1}{12}$

（2）二つのサイコロの目の最大値が「3」である確率は、$\frac{5}{36}$

赤＼白	1	2	3	4	5	6
1	(1、1)	(1、2)	(1、3)	(1、4)	(1、5)	(1、6)
2	(2、1)	(2、2)	(2、3)	(2、4)	(2、5)	(2、6)
3	(3、1)	(3、2)	(3、3)	(3、4)	(3、5)	(3、6)
4	(4、1)	(4、2)	(4、3)	(4、4)	(4、5)	(4、6)
5	(5、1)	(5、2)	(5、3)	(5、4)	(5、5)	(5、6)
6	(6、1)	(6、2)	(6、3)	(6、4)	(6、5)	(6、6)

■：2個のサイコロの目の最大値が「2」である事象
■：2個のサイコロの目の最大値が「3」である事象
■：2個のサイコロの目の最大値が「4」である事象
■：2個のサイコロの目の最大値が「5」である事象
■：2個のサイコロの目の最大値が「6」である事象

サイコロの歴史

サイコロの起源は、占いや遊びで使われた、半分に割った木の実や貝殻にあるといわれています。**現在のようなサイコロは、紀元前4000〜紀元前3000年ころには、使われていたようです。**

エジプトでは、紀元前3200年以降のものとみられる、現在とほぼ同じ形のサイコロが発見されています。一方、紀元前3000年ころのメソポタミア文明の遺跡からは、四面体のサイコロがみつかりました。**インドでは、紀元前3000〜紀元前1500年ころのものとみられる、六面体のサイコロがみつかっています。このサイコロは、裏表の目が1と2、3と4、5と6という組み合わせです。**現在のサイコロは、裏表の目の合計が7になるように配置されています。

ちなみに、サイコロの1の目が赤いのは、日本だけです。海外のサイコロは、1の目も、ほかの目と同じ黒です。なぜ日本のサイコロだけ1の目が赤いのかは、わかっていません。

Column

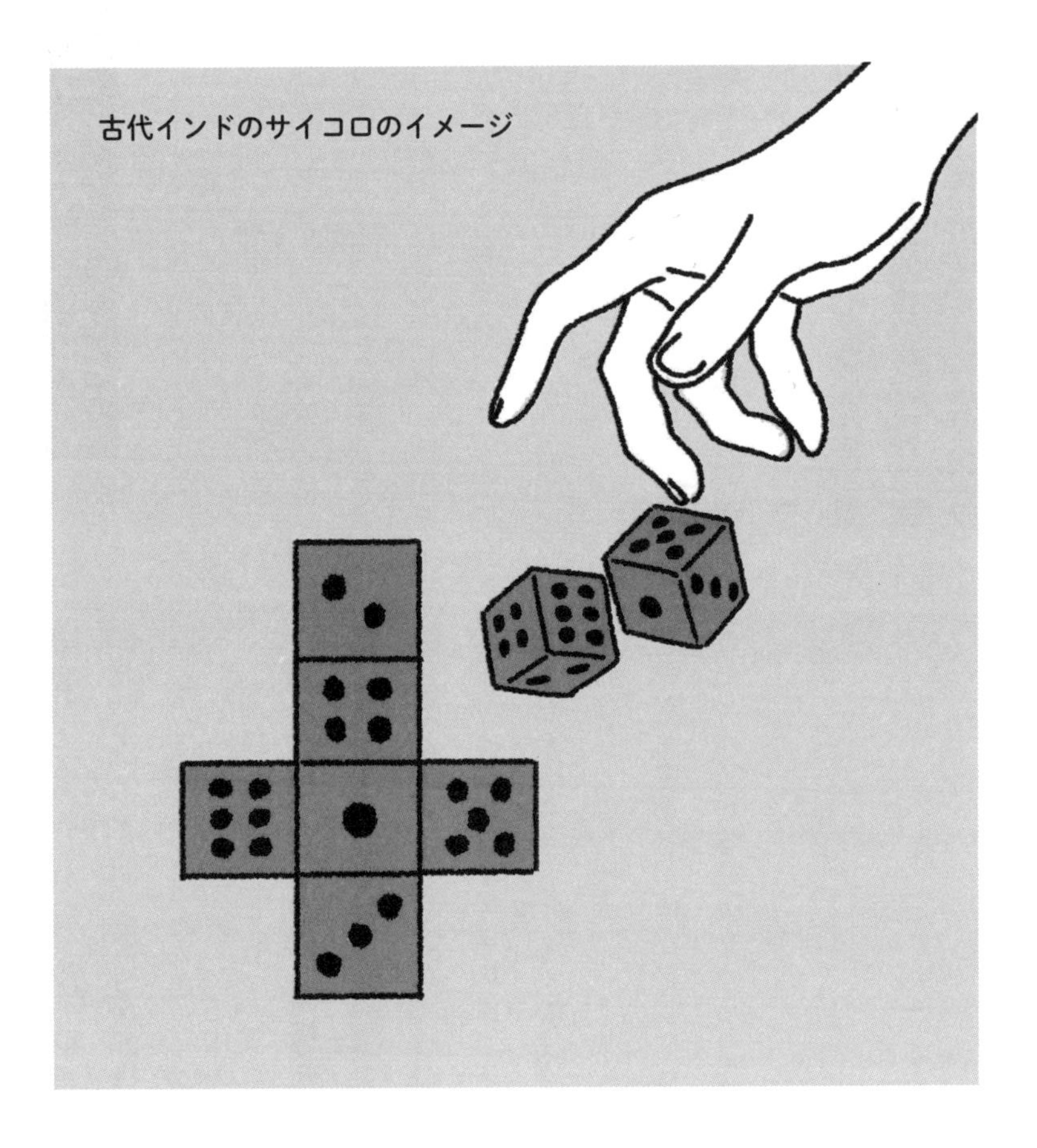

サイコロステーキの秘密

サイコロステーキとは、その名の通りサイコロ状のステーキのことです。ステーキでありながら、比較的安価に提供されることが多く、人気のメニューとなっています。

では、なぜ安価に提供できるのでしょうか。実はサイコロステーキは、多くの場合、ステーキ肉をカットしているのではありません。**ミンチにした牛肉のハラミなどを牛脂と混ぜ合わせ、結着剤で固めてからサイコロ状にした、整形肉なのです。**肉を切り分ける際の切れ端などが使われているため、価格がおさえられているのです。

サイコロステーキは高度経済成長期に、ステーキを気軽に食べられるようにと、日本で考えだされたといわれています。サイコロステーキのはじまりは、元祖といわれる店がいくつかあるものの、正確なことはわかっていません。今では原材料を厳選し、低価格ながら、味にもこだわっている商品もみられます。

Column

06

― 加法定理と乗法定理 ―

「勝負を中断した場合の、賭け金の返還方法を知りたい」

大数学者の手紙からはじまった確率論

本格的な確率論は、17世紀に交わされた、2人の大数学者の手紙からはじまったといわれています。ブレーズ・パスカル（1623～1662）とピエール・ド・フェルマー（1601～1665）です。2人は、ギャンブル好きの貴族からの質問を、手紙で相談しながら解決したのです。

賭けを途中で中止したときの、賭け金の分配問題

貴族の質問は次の通りです。「AとBの2人が、先に3回勝った方を勝ちとする勝負をする。Aが2回、Bが1回勝ったところで勝負を中止した場合、A、Bへの賭け金の返還をいくらにすれば公平か」。

イラストのように、仮に勝負がつづけられたとすると、Aが先に3回勝つ確率は$\frac{3}{4}$です。一方、Bが先に3勝する確率は$\frac{1}{4}$です。したがって、2人の賭け金の合計を3：1で分配すればよいのです。

計算では、5回目で決着がつく確率を、4回目の勝敗の確率と5回目の勝敗の確率をかけ合わせて求めています（乗法定理）。また、最終的にAが勝者となる確率は、4回目で勝者となる確率と5回目で勝者となる確率を足し合わせて求めています（加法定理）。

4回目以降の勝負の行方

4回目以降の勝敗のパターンを、イラストにしました。5回目で決着がつく確率を求める際に「乗法定理」を、Aが最終的に勝者となる確率を求める際に「加法定理」を用いています。

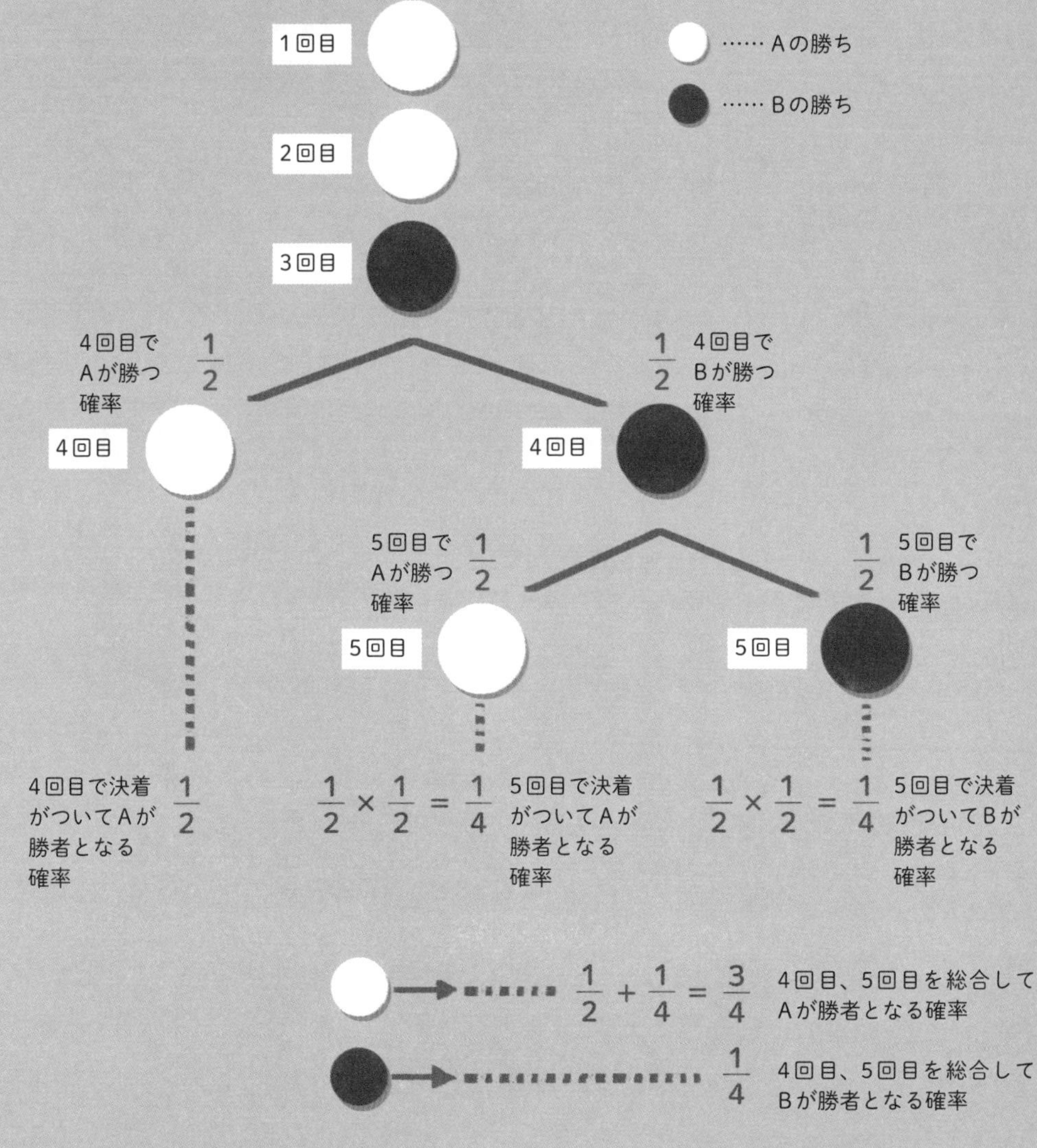

07

勝負を、2勝0敗で中断した場合の返還方法

―加法定理と乗法定理―

2勝0敗の段階で賭けが終了した場合は？

124〜125ページのページでは、勝負が3回まで行われ、Aの2勝1敗の段階で勝負を中止した場合の、公平な賭け金の返還についてみました。では、Aが2勝0敗の段階で勝負を中止した場合、どうすれば公平に賭け金を返還できるでしょうか。A、Bが、3勝をあげる確率を求めてみましょう。

3勝する確率は、Aが$\frac{7}{8}$、Bが$\frac{1}{8}$

まず、Aが2勝0敗の段階で終了した場合、3回目でAが勝って勝負がつく確率は$\frac{1}{2}$、3回目でBが勝ち4回目でAが勝って勝負がつく確率は下の①、3回目と4回目でBが勝ち5回目でAが勝って勝負がつく確率は②です。**この勝負でAが勝つ確率は、これらを足し合わせて、③です。**

一方、Bが先に勝つのは、3回目、4回目、5回目すべてでBが勝つ場合のみです。その確率は、④となります。

したがって、2人の賭け金は、7：1で分配すれば公平となるのです。

① $\frac{1}{2}\times\frac{1}{2}=\frac{1}{4}$

② $\frac{1}{2}\times\frac{1}{2}\times\frac{1}{2}=\frac{1}{8}$

③ $\frac{1}{2}+\frac{1}{4}+\frac{1}{8}=\frac{7}{8}$

④ $\frac{1}{2}\times\frac{1}{2}\times\frac{1}{2}=\frac{1}{8}$

3回目以降の勝負の行方

実際には行われなかった、3回目、4回目、5回目の勝負が行われた場合の確率を、イラストにしました。Aが勝つ確率は$\frac{7}{8}$、Bが勝つ確率は$\frac{1}{8}$とわかります。

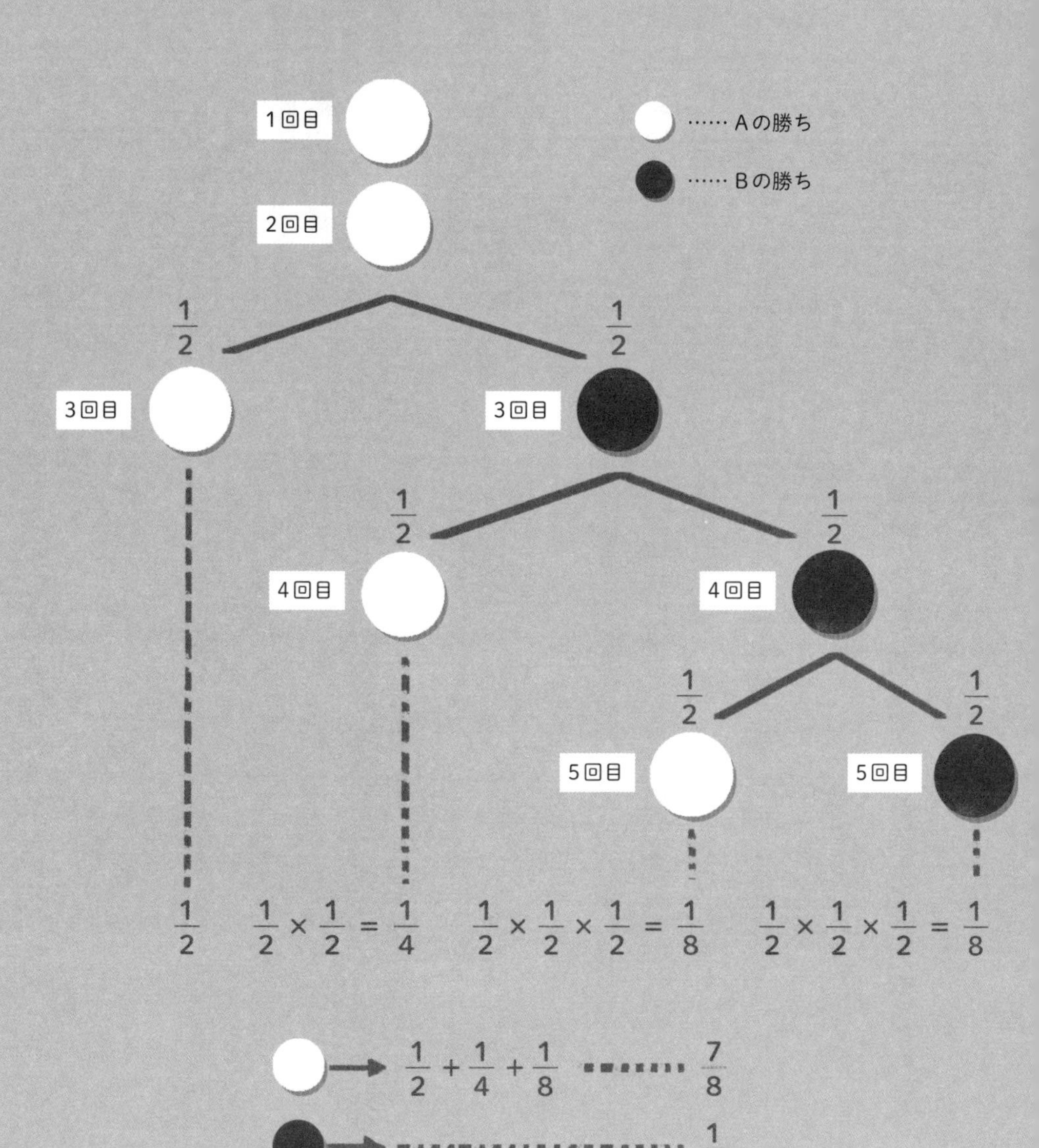

08

— 余事象 —

大学に現役合格する確率を計算してみよう

少なくとも一つの大学に合格する確率は？

ある受験生は、A、B、C、D、E、Fの六つの大学を受験する予定です。この受験生の学力から計算された各大学の合格確率は、順に30％、30％、20％、20％、10％、10％だとします。この受験生が、少なくとも一つの大学に合格する確率は、どのくらいでしょうか？

すべての場合を計算し、足し合わせるのは大変

正攻法としては、イラストのように、Aから順に一つの大学だけに合格する確率を求め、最後に足し合わせる方法があります。たとえば「はじめに受けたAに合格する確率」は30％なので、$\frac{3}{10}$です。次に「Aに不合格でBに合格する確率」は、Aに不合格となる確率が70％、Bに合格する確率が30％なので、下の①となります。**このようにすべての場合に分けて計算し、それらを足し合わせると、約74・6％という答えを導けます。**多くの大学を受験すれば、計算上、いずれかの大学に合格する可能性が高まります。

しかしこの正攻法では、計算に非常に手間がかかります。**実はこの問題は、「余事象」という考え方を使うことによって、簡単に求めることができます。**130〜131ページで、くわしく解説します。

① $\frac{7}{10} \times \frac{3}{10} = \frac{21}{100}$

一つ一つ計算する正攻法

Aに合格する確率、Aに落ちてBに合格する確率、AとBに落ちてCに合格する確率、のように、一つ一つ計算して求めることができます。しかし、計算に手間がかかります。

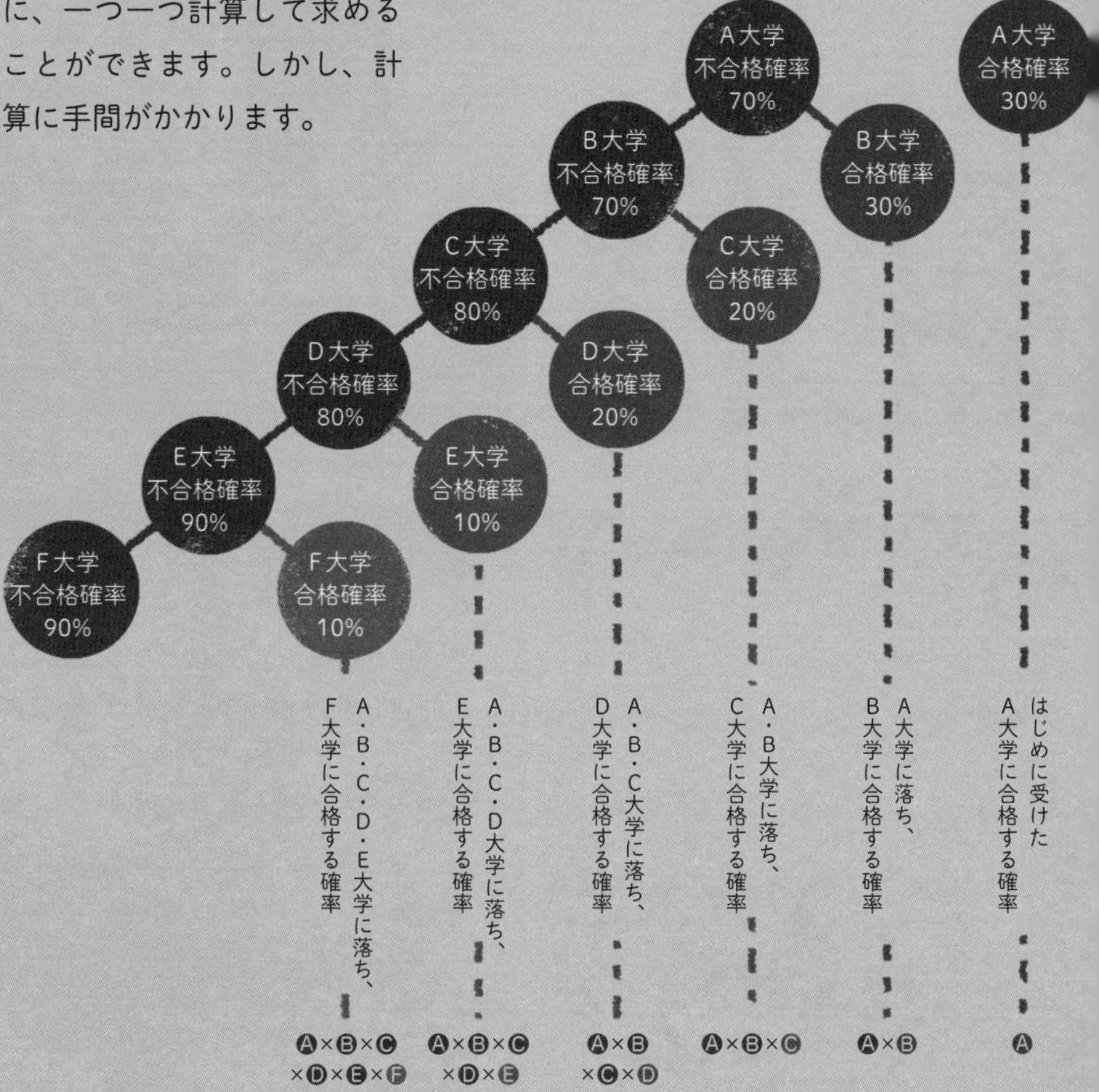

A大学 合格確率 30%
A大学 不合格確率 70%
B大学 合格確率 30%
B大学 不合格確率 70%
C大学 合格確率 20%
C大学 不合格確率 80%
D大学 合格確率 20%
D大学 不合格確率 80%
E大学 合格確率 10%
E大学 不合格確率 90%
F大学 合格確率 10%
F大学 不合格確率 90%

はじめに受けたA大学に合格する確率：Ⓐ
A大学に落ち、B大学に合格する確率：Ⓐ×Ⓑ
A・B大学に落ち、C大学に合格する確率：Ⓐ×Ⓑ×Ⓒ
A・B・C大学に落ち、D大学に合格する確率：Ⓐ×Ⓑ×Ⓒ×Ⓓ
A・B・C・D大学に落ち、E大学に合格する確率：Ⓐ×Ⓑ×Ⓒ×Ⓓ×Ⓔ
A・B・C・D・E大学に落ち、F大学に合格する確率：Ⓐ×Ⓑ×Ⓒ×Ⓓ×Ⓔ×Ⓕ

$$\frac{28224}{1000000}+\frac{3136}{100000}+\frac{784}{10000}+\frac{98}{1000}+\frac{21}{100}+\frac{3}{10}$$

$$\fallingdotseq 74.6\%$$

……ただし、この方法では、計算が大変です。

09

―余事象―

「余事象」を使えば、簡単に計算できる

注目した事象以外のすべての事象

このページでは、128～129ページと同じ問題を、「余事象」の考え方を使って解いてみましょう。

余事象とは、「ある事象に注目した場合の、それ以外のすべての事象」のことです。今回の問題でいえば、余事象は、「すべての大学に不合格になること」です。

求めたい「少なくとも一つの大学に合格する確率」は、確率全体をあらわす「1（＝100％）」から、「余事象の確率（すべての大学に不合格になる確率）」を差し引くことで計算できます。

同じ計算結果が、簡単に求められる

まず、ある大学に不合格となる確率は、合格率の逆になります。合格率30％のA大学なら、不合格率は70％です。そして、すべての大学に不合格となる確率は、各大学の不合格となる確率をかけあわせたものです。式にすると、下の①です。答えを百分率になおすと、約25.4％です。**したがって、少なくとも一つの大学に合格する確率は、②となります。**

このように余事象の考え方を使うと、同じ計算の結果が、簡単に求められるのです。

① $\frac{7}{10}\times\frac{7}{10}\times\frac{8}{10}\times\frac{8}{10}\times\frac{9}{10}\times\frac{9}{10}$

② 100％－約25.4％＝約74.6％

余事象を使った計算方法

大学ごとの不合格となる確率をかけ合わせると、すべての大学に不合格となる確率が導き出せます。それを確率全体の100％から引くだけなので、手間がかかりません。

すべての大学に不合格になる確率は？

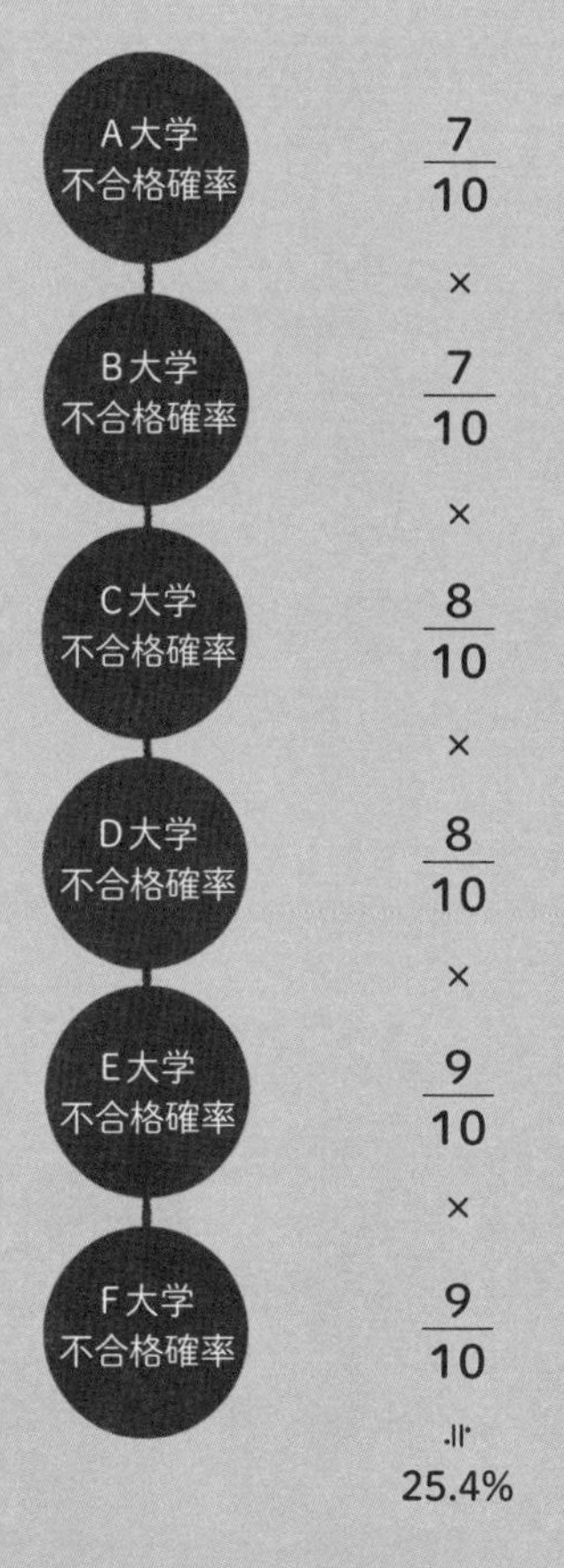

$$\frac{7}{10} \times \frac{7}{10} \times \frac{8}{10} \times \frac{8}{10} \times \frac{9}{10} \times \frac{9}{10} \fallingdotseq 25.4\%$$

少なくとも一つの大学に合格する確率
＝確率全体（100％）－すべての大学に不合格となる確率

100% − 25.4%
= 74.6%

最強の教科書編

第6章 大数の法則と期待値

大数の法則とは、ある出来事がおきる確率は何回もくりかえすと、本来の確率に近づいていくという法則です。一方、期待値とは、平均して期待できる成果を計算した値です。この大数の法則と期待値には、密接な関係があります。第6章では、大数の法則と期待値をみていきましょう。

01

— ギャンブラーの誤謬 —

ルーレットで、26回連続で「偶数」が出た！

約1億3700万分の1の確率

46〜47ページのルーレットは、盤面の数字が38種類でしたけれど、37種類のタイプもあります。盤面に、0と1〜36の数字が並ぶルーレットです。このルーレットを使った、奇数が出るか偶数が出るかの賭けで、信じられない出来事がありました。

1913年8月13日、モナコのモンテカルロのカジノで、なんと26回連続で偶数が出たのです。偶数が出る確率は$\frac{18}{37}$、奇数が出る確率も$\frac{18}{37}$です（0は偶数でも奇数でもないとしています）。**26回も偶数がつづく確率は$\frac{18}{37}$の26乗で、約1億3700万分の1です。**

前にどんな目が出ても、確率はかわらない

このときギャンブラーたちは、15回連続で偶数が出たあたりから、次こそは奇数が出るだろうと考えました。しかし、これはまちがいです。「偶数の目がつづいたから、次は奇数が出る」「男3人兄弟だから、次は女の子が生まれる」という考えを、「ギャンブラーの誤謬（ごびゅう）」あるいは「モンテカルロの誤謬」といいます。ギャンブラーの誤謬（モンテカルロの誤謬）とは、特定の期間にある出来事のおきる頻度が低かった場合に、その後にその出来事のおきる確率が高くなると考えてしまうまちがいです。**ルーレットの例でいえば、前に出た目が何であろうと、次に偶数が出る確率はつねに$\frac{18}{37}$なのです。**

カジノだけがもうかる結果に

ギャンブラーたちは、偶数が15回連続で出たあたりから奇数にかけはじめました。しかし、その後も偶数が出つづけ、カジノだけがもうかる結果になったのです。

02

—大数の法則—

コインを1000回投げると、表と裏はほぼ半分

10回だと、$\frac{1}{2}$からはなれることもある

投げたときに、表と裏の出る確率が等しいコインがあるとします。表か裏が出る確率は、どちらも$\frac{1}{2}$です。このコインを1枚投げ、表か裏かを記録する実験を1000回くりかえしました（左のイラスト）。

記録の10回分をランダムにピックアップすると、「3回が表、7回が裏」というように、$\frac{1}{2}$（＝50％）からはなれる場合もあります。100回分をピックアップすると、「45回が表、55回が裏」というように、$\frac{1}{2}$に近くなります。**そして、1000回分の結果は、表が508回（＝50.8％）、裏が492回（＝49.2％）でした。**100回の結果よりも、$\frac{1}{2}$へとさらに近くなりました。

回数をくり返すと、本来の確率に近づく

これは、偶然ではありません。**ある出来事がおきる確率は、何回もくりかえすと、本来の確率に近づいていくのです。これを、「大数（たいすう）の法則」といいます。**大数の法則は、確率論の基本的な法則です。理論的には、かたよりのないコインを無限回投げれば、表と裏の出る確率は$\frac{1}{2}$（＝50％）ずつになります。

コイン投げの結果

1000回の実験結果から、10回、100回の結果をランダムに取りだし、見やすいように並べかえました。黒色がコインの表、ピンク色がコインの裏をあらわしています。回数がふえるとともに、$\frac{1}{2}$に近づいていることがわかります。

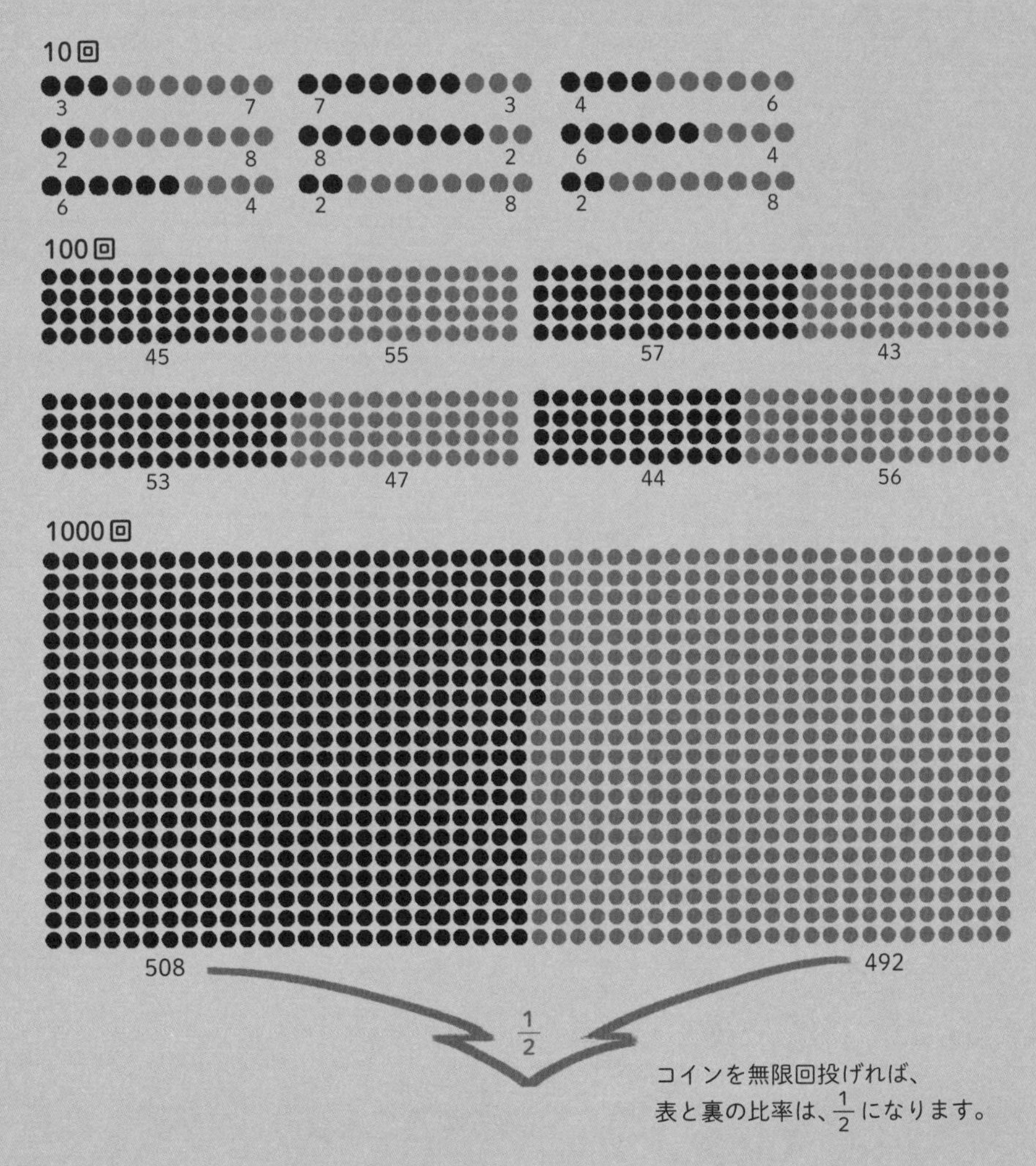

日本のレアな貨幣

コインの確率が出たところで、日本の貨幣にまつわる話題を紹介しましょう。小判のような古い貨幣は、文化財として高い価値があります。ところが、現在も普通に使用されている貨幣の中にも、額面以上の値段で売買されるものがあります。

よく知られているのが、いわゆる「ギザ10」です。**昭和26〜30年と、32年、33年にだけ製造された、フチにギザギザがある10円硬貨です。**希少性から、未使用のものには、４万円の値がつくことがあります。

群を抜いて高い値段で取り引きされているのが、昭和62年の50円硬貨です。使用済みのものでも、４０００円の値がついています。50円硬貨は、多いときに年間で４０００万枚以上製造されることもあります。しかし昭和62年に製造された50円硬貨は77万５０００枚しかなく、しかも「貨幣セット」として販売されたものしかありません。そのため、昭和62年の50円硬貨は、高値で取り引きされているのです。

（出典：日本貨幣カタログ２０１９／日本貨幣商協同組合）

Column

03

期待値

確率を使って、「期待値」を求めてみよう

ゲームで期待できる得点は？

確率を使うことで求められるものに、「期待値」があります。**期待値とは、平均して期待できる成果を計算した値です。期待値は、得られる数値と確率をかけ合わせることで求められます。**

たとえば、トランプのハートのカード13枚と、クローバー、ダイヤ、スペードの1（エース）を加えた合計16枚を使ってゲームをするとします。裏返したカードから1枚を選び、1が出れば15点、2〜9は数字ど

おりの得点、10～13（キング）は10点がもらえるとします。このときの、平均して期待できる得点が、期待値です。

得点ごとに確率をかけ、足し合わせる

このゲームの期待値は、カードごとに期待値を計算し、それらを足し合わせて求めます。

1の期待値は、1が出たときの得点が15点で、1が出る確率が$\frac{4}{16}$なので、下の①です。2の期待値は、②となります。3～13の期待値も、同様に計算します。そして、すべてのカードの期待値を合計すると、$\frac{144}{16}$＝9点となります。したがって、このゲームの期待値は、9点です。

①15点×$\frac{4}{16}$＝$\frac{60}{16}$点

②2点×$\frac{1}{16}$＝$\frac{2}{16}$点

あるゲームの期待値の求め方

期待値は、確率にもとづくもので、実際のゲームでは大きくはずれることもあります。しかしゲームをくりかえすと、得点の平均は、期待値の9点に近づいていきます。

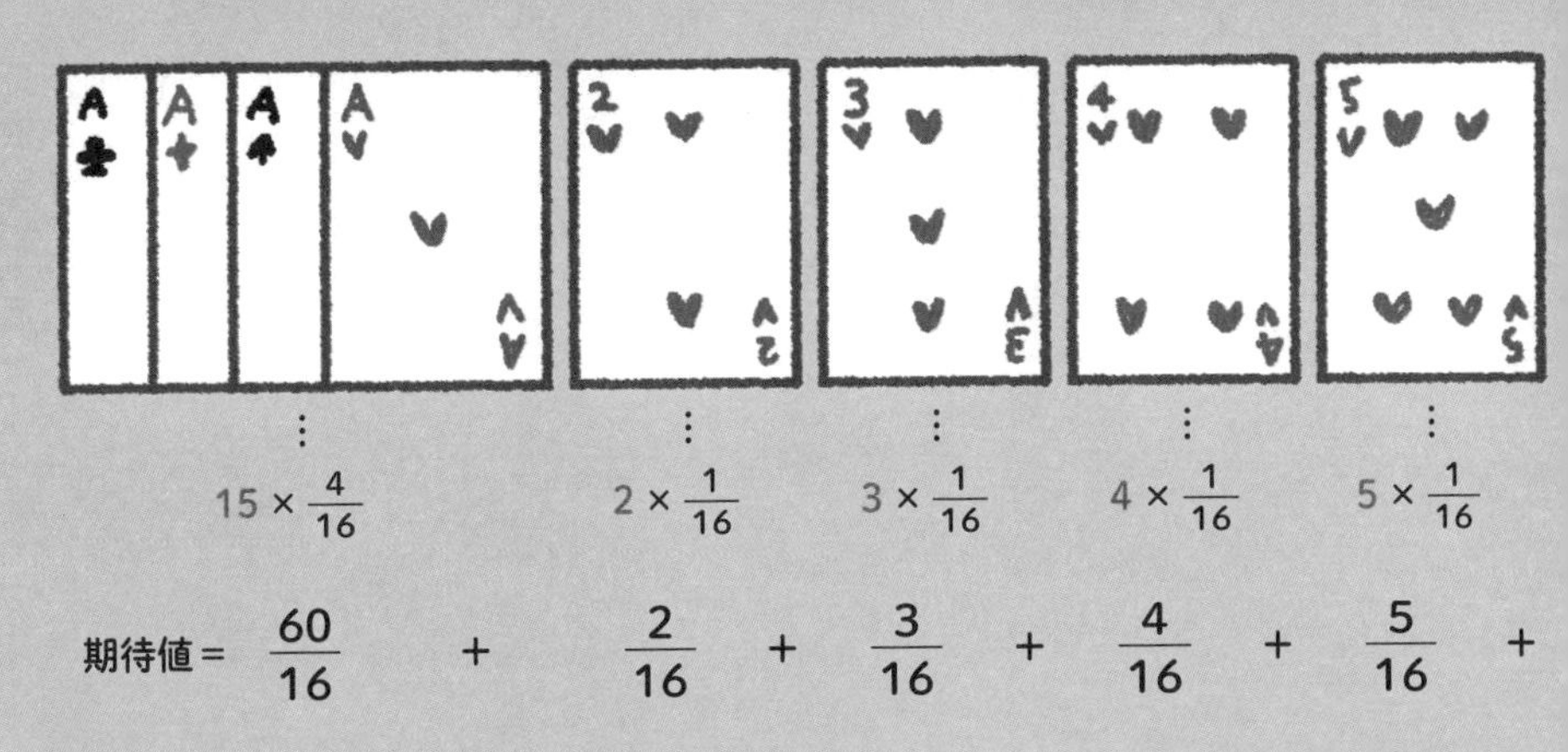

04

期待値

「20回に1回全額返金!!」の期待値は、2500円！

購入額の全額を返金する

以前、あるスマホ決済サービスの企業が行ったキャンペーンが、話題になりました。期間中にスマホ決済を利用すれば、10回、20回、もしくは40回に1回の確率で、購入額の全額を返金するというものです。実際には返金の上限額があるなど条件は複雑だったものの、以下では「20回に1回全額返金」という条件にしぼって、その意味を考えていきましょう。

返金額の期待値はそれほど大きくない

20回に1回全額返金のキャンペーンで、5万円の買い物をすれば、運がよければ5万円全額が返ってきます。一見、とても魅力的なキャンペーンにみえます。しかし実際は、参加者が得られる返金額の期待値は、それほど大きくありません。具体的に計算してみましょう。ある参加者が、5万円の買い物を1回したとします。20回に1回全額返金の場合、期待値は下の①となります。実はこの返金額の期待値は、144〜145ページで解説するとおり、「全品一律5％還元」キャンペーンと同じになります。

$$①5万円 \times \frac{1}{20} + 0円 \times \frac{19}{20} = 2500円$$

20回に1回全額返金

20回に1回全額返金のキャンペーンで、5万円分の買い物をした場合、返金額の期待値は2500円となります。

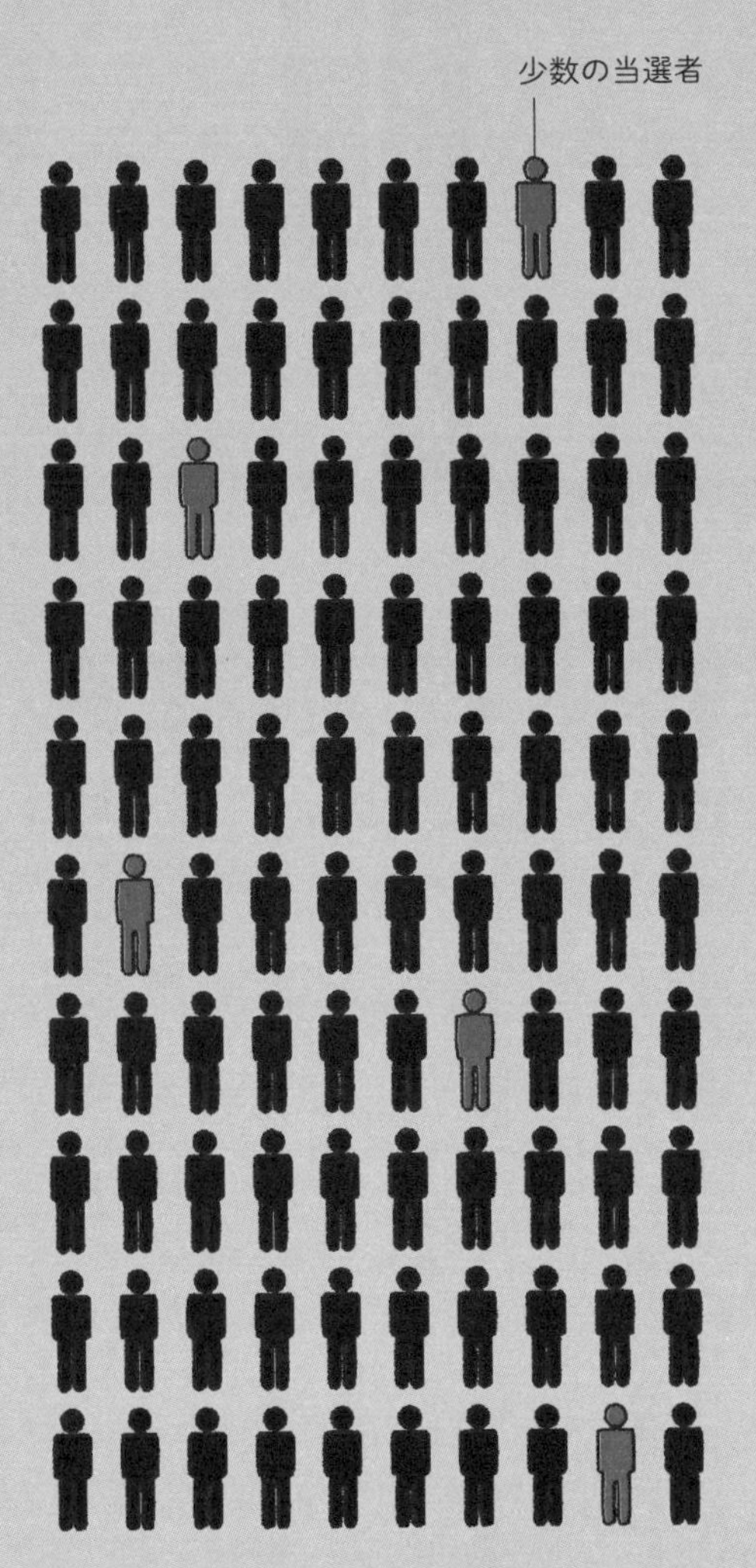

20回に1回、全額返金

5万円の買い物の場合、
返金額の期待値は、

$$5\text{万円} \times \frac{1}{20} + 0\text{円} \times \frac{19}{20} = 2500\text{円}$$

05

— 期待値 —

「全品一律5％還元!!」の期待値も2500円だった

20回に1回全額返金と、期待値は同じ

今度は、「全品一律5％還元」の意味を考えてみましょう。全品一律5％還元キャンペーンで、5万円の買い物をしたとします。その場合の返金額の期待値は、①です。**この額は、142～143ページでみたように、20回に1回全額返金キャンペーンで、5万円の買い物をしたときの期待値と同じです。**

①5万円 × $\frac{5}{100}$ × 1 ＝ 2500円

返金額の差が大きいと、魅力的に映る

では、20回に1回全額返金キャンペーンは、ありふれた一律5％還元キャンペーンと同じ期待値なのに、なぜ注目されたのでしょうか。参加者がこのキャンペーン中に買い物をする回数は、たかが知れています。その中で、1回も当選しないかもしれませんし、全額返金に当選するかもしれません。**参加者によって、返金額の差が大きくなります。**そのため参加者の目に、魅力的なキャンペーンに映ったのです。

一方、企業側からすると、多数の参加者が多数の買い物を行っているため、個々の差はならされ、実際に企業側が支払う返金額は期待値（買い物総額の$\frac{1}{20}$である5％）に非常に近くなるはずです。つまり、かかるコストは、全品一律5％還元キャンペーンとほぼ同じなのです。

全品一律5％還元

全品一律5%還元キャンペーンで5万円分の買い物をした場合、返金額の期待値は2500円となります。実は、「20回に1回全額返金」と期待値は同じになります。

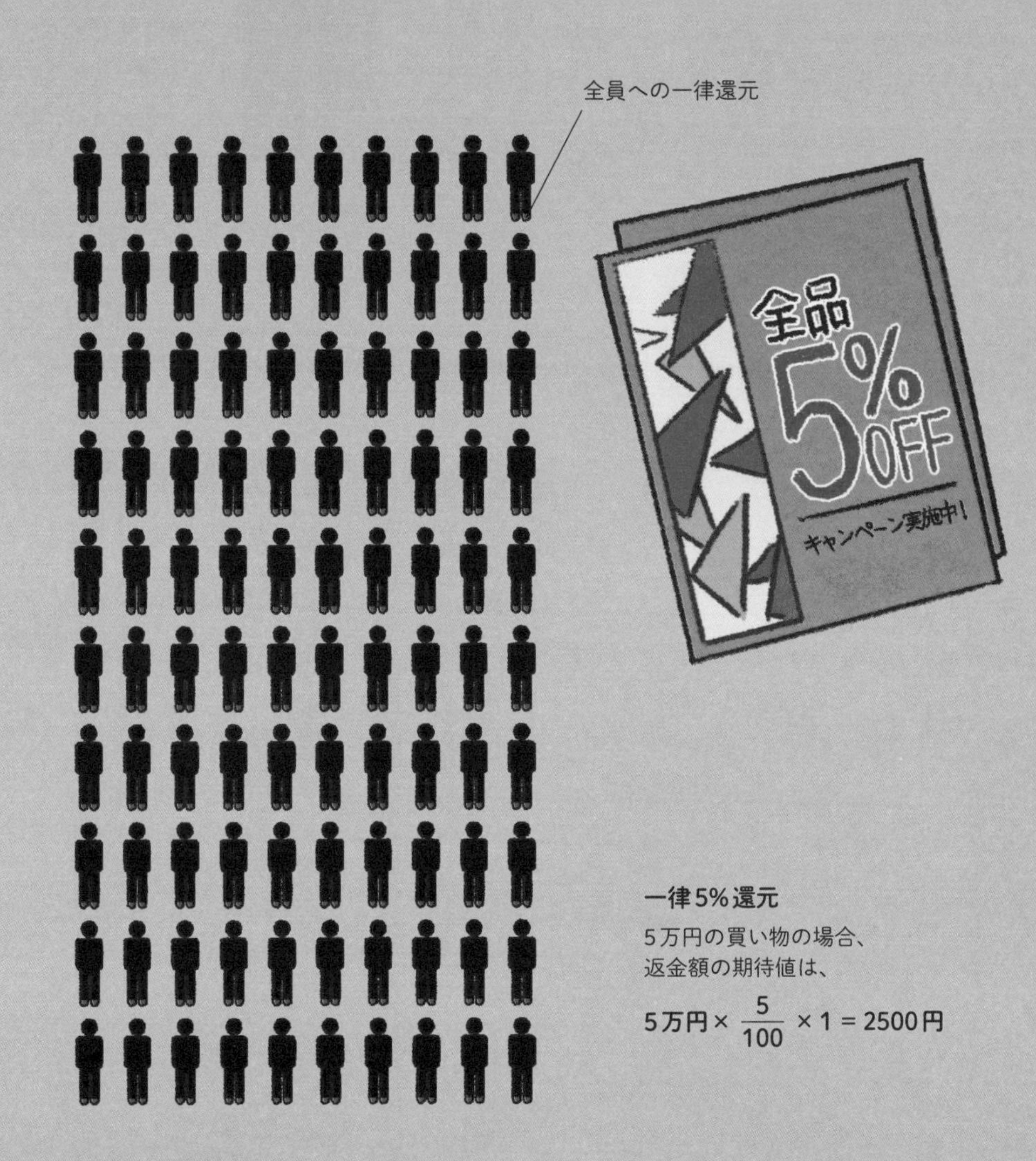

06

これが年末ジャンボ宝くじの期待値！

―期待値―

期待値は、合理的な判断をくだす指標となる

サイコロの1の目が出るほうに賭けてあたったら賞金1万円、1以外の目が出るほうに賭けてあたったら賞金3000円といわれたら、どちらに賭けるでしょうか。**このような場面で、期待値は、合理的な判断をくだす指標になります。**

1の目が出るほうに賭けた場合の期待値は下の①、1以外の目が出るほうに賭けた場合は②となります。期待値の大きい、1以外の目が出るほうに賭けるのが、合理的な判断といえます。

①$1\text{万円} \times \frac{1}{6} + 0\text{円} \times \frac{5}{6} \fallingdotseq 1667\text{円}$

②$0\text{円} \times \frac{1}{6} + 3000\text{円} \times \frac{5}{6} = 2500\text{円}$

ほとんどは、賭ける側にとって不利な賭け

賭け事では、期待値が賭け金よりも大きければ、賭ける側にとって有利な賭けといえます。しかし残念ながら、世の中のギャンブルやくじのほとんどは、期待値が賭け金よりも小さく、賭ける側にとって不利な賭けです。たとえば、1枚300円の2022年の「年末ジャンボ宝くじ」を1枚買うときの期待値は、149.995円しかありません。左の表は、各賞の賞金と確率、期待値をまとめたものです。

年末ジャンボの期待値

2022年の年末ジャンボ宝くじの、1ユニットあたりの各賞の賞金と確率、期待値をまとめました。1ユニットは、2000万枚です。表の右下にある、各賞の期待値の合計が、宝くじを1枚買うときの期待値です。

賞	賞金（円）	本数	確率	期待値の計算	期待値
1等	7億円	1	0.00000005	7億円×0.00000005	35円
1等前後賞（前の番号）	1億5000万円	1	0.00000005	1億5000万円×0.00000005	7.5円
1等前後賞（後の番号）	1億5000万円	1	0.00000005	1億5000万円×0.00000005	7.5円
1等組ちがい賞	10万円	199	0.00000995	10万円×0.00000995	0.995円
2等	1000万円	4	0.0000002	1000万円×0.0000002	2円
3等	100万円	40	0.000002	100万円×0.000005	2円
4等	5万円	2000	0.0001	10万円×0.0002	5円
5等	1万円	60000	0.003	1万円×0.001	30円
6等	3000円	200000	0.01	3000円×0.01	30円
7等	300円	2000000	0.1	300円×0.1	30円
はずれ	0円	17775695	0.88878475	0円×0.88878475	0円
合計	—	2000万本	1	—	149.995円

注1：宝くじの1ユニットの枚数は、宝くじによってことなります。50～51ページで紹介した2022年のドリームジャンボ宝くじは、1000万枚が1ユニットです。
注2：2022年の年末ジャンボ宝くじの発売予定枚数は、23ユニットの4億6000万枚です（2022年12月5日時点）。

期待値は無限大なのに…

コインを、表が出るまで投げつづけるゲームがあるとします。1回目で表が出たら1円がもらえ、1回目が裏で2回目に表が出たら2円、2回目まで裏で3回目に表が出たら4円…、というように、賞金が倍になっていくルールです。**このゲームの期待値は、なんと「無限大」の賞金です。**無限に賞金をもらえるのでしょうか。

期待値が無限大の賞金になるという計算自体は、まちがってはいません。しかし、胴元が無限大の賞金を用意でき、無限回のゲームができることが前提です。現実的には、ありえないでしょう。

計算は正しいけれど現実的にはありえないということのパラドックスは、スイスの数学者のダニエル・ベルヌーイ（1700〜1782）が、1738年に発表したものです。**ベルヌーイが住んでいた地にちなんで、「サンクトペテルブルクのパラドックス」とよばれています。**

Column

●ゲームのルール

・1回目に表が出る （表） ………………………… 1円がもらえる

・2回目に表が出る （裏）（表） ……………………… 2円がもらえる

・3回目に表が出る （裏）（裏）（表） ………… 4円がもらえる

・4回目に表が出る （裏）（裏）（裏）（表） … 8円がもらえる

（2倍）（2倍）（2倍）

●このゲームの期待値を求めると…

$$1 \times \frac{1}{2} + 2 \times \frac{1}{4} + 4 \times \frac{1}{8} + \cdots\cdots + 2^{n-1} \times \left(\frac{1}{2}\right)^n + \cdots\cdots$$

$$= \frac{1}{2} + \frac{1}{2} + \frac{1}{2} + \cdots\cdots + \frac{1}{2} + \cdots\cdots = \infty$$ （無限大）

期待値はなんと無限大の賞金!!

よって、参加費がたとえ1兆円でも、このゲームに挑戦する価値がある!?
（サンクトペテルブルクのパラドックス）

07

ギャンブルは、やればやるほど損をする

——大数の法則と期待値——

最初のうちは、出目にかたよりがある

ここまで、大数の法則と期待値についてみてきました。**実は大数の法則と期待値から、自ずと明らかになることがあります。それは、ギャンブルはやればやるほど損をするということです。**

サイコロを振るとき、それぞれの目が出る確率はすべて$\frac{1}{6}$です。しかし、最初のうちは出目にかたよりがあり、それぞれの目が$\frac{1}{6}$の割合で出ることはまれです。何回もくりかえすうちに、本来の確率である$\frac{1}{6}$に近づいていきます。これが、大数の法則です。

期待値どおりの、払い戻し金額となる

ギャンブルでも、同じことがいえます。最初のうちは出目にかたよりがあるため、本来の確率以上にいい目が出ることもあります。しかしやればやるほど、出目は本来の確率に近づいていきます。

世の中のギャンブルは、基本的に胴元が有利です。期待値が、賭け金よりも小さく設定されているからです。**ギャンブルの回数がふえればふえるほど、出目は本来の確率に近づきます。そして期待値どおりの、賭け金よりも小さい払い戻し金額となります。**つまり確率論的に、ギャンブルはやればやるほど損をすることが、明らかなのです。

サイコロの出目

複数のサイコロを同時にふって、どの目が出るかを調べる実験をえがきました。サイコロが20個だと、出目が大きくかたよることがあります。サイコロを100個、1000個とふやしていくと、それぞれの目が出る確率は$\frac{1}{6}$に近づきます。

サイコロを20個振った結果

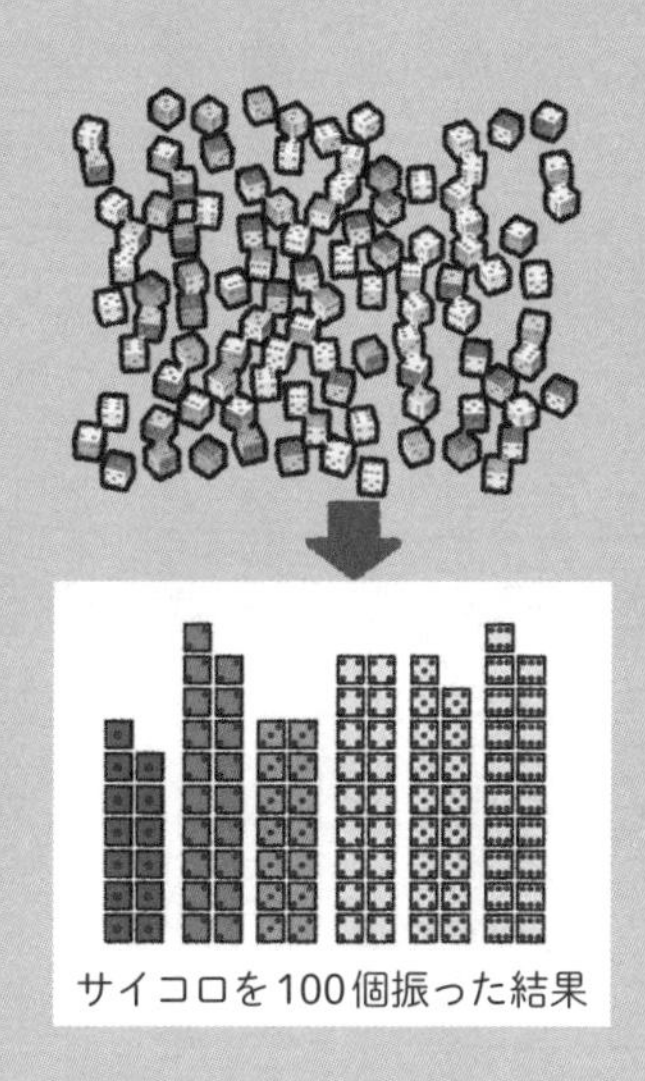
サイコロを100個振った結果

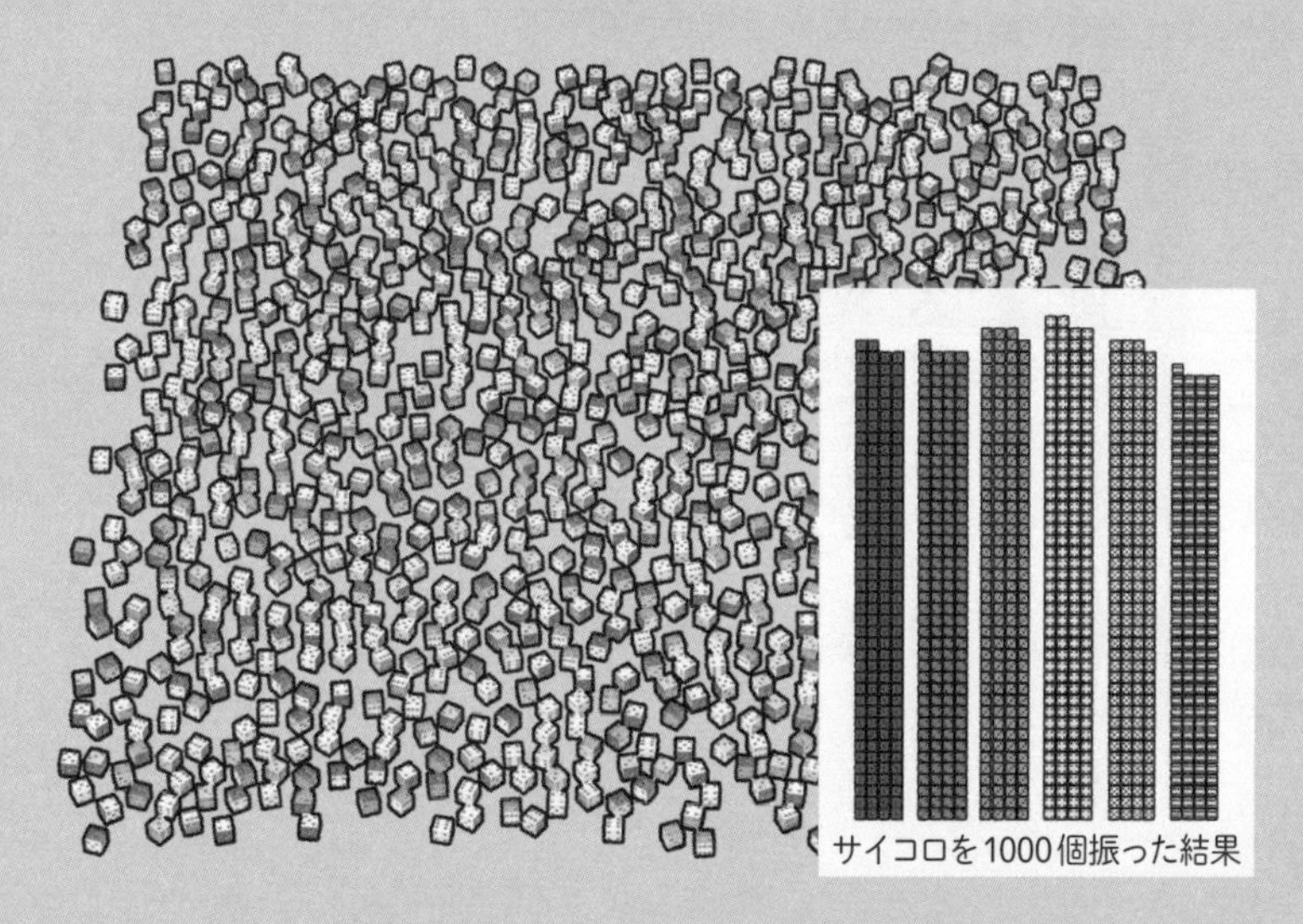
サイコロを1000個振った結果

08

不規則で予測不能な動き、それが「ランダムウォーク」

― ランダムウォーク ―

ふらふらと動きつづける

ここで、「ランダムウォーク」とよばれる運動を紹介しましょう。**ランダムウォークとは、確率的にランダム（無作為）な運動のことです。その動きは、不規則で予測不能です。**

いま、1本の数直線上の原点に、点Pがある状況を思い浮かべてください。コインを投げて、表が出たら点Pは右に、裏が出たら点Pは左に進みます。コインを投げつづけると、点Pはふらふらと動きつづけます。これが、ランダムウォークです。

さまざまな現象の解析に使われる

点Pが、左右に移動する確率は半々です。そのため点Pは、いつまで経っても原点の近くをうろうろとしていると思うかもしれません。しかし、実際に試してみると、そうはなりません。点Pがじわじわと原点からはなれていくことのほうが、よくおきます。

自然現象や身のまわりの現象の中には、ランダムウォークと同じような動きをみせるものが、数多く存在します。たとえば、紅茶に入れたミルクの粒子の運動や、株価の変動などです。**そのためランダムウォークは、感染症の広がり方や交通渋滞のシミュレーションなど、さまざまな現象の解析に使われています。**

ランダムウォーク

1～3次元のランダムウォークをえがきました（A～C）。点Pは、1次元では左右に、2次元では前後左右に、3次元では前後左右上下に進みます。どの場合も、時間の経過とともに、原点から遠ざかっていく傾向がみられます。

A. 1次元のランダムウォーク

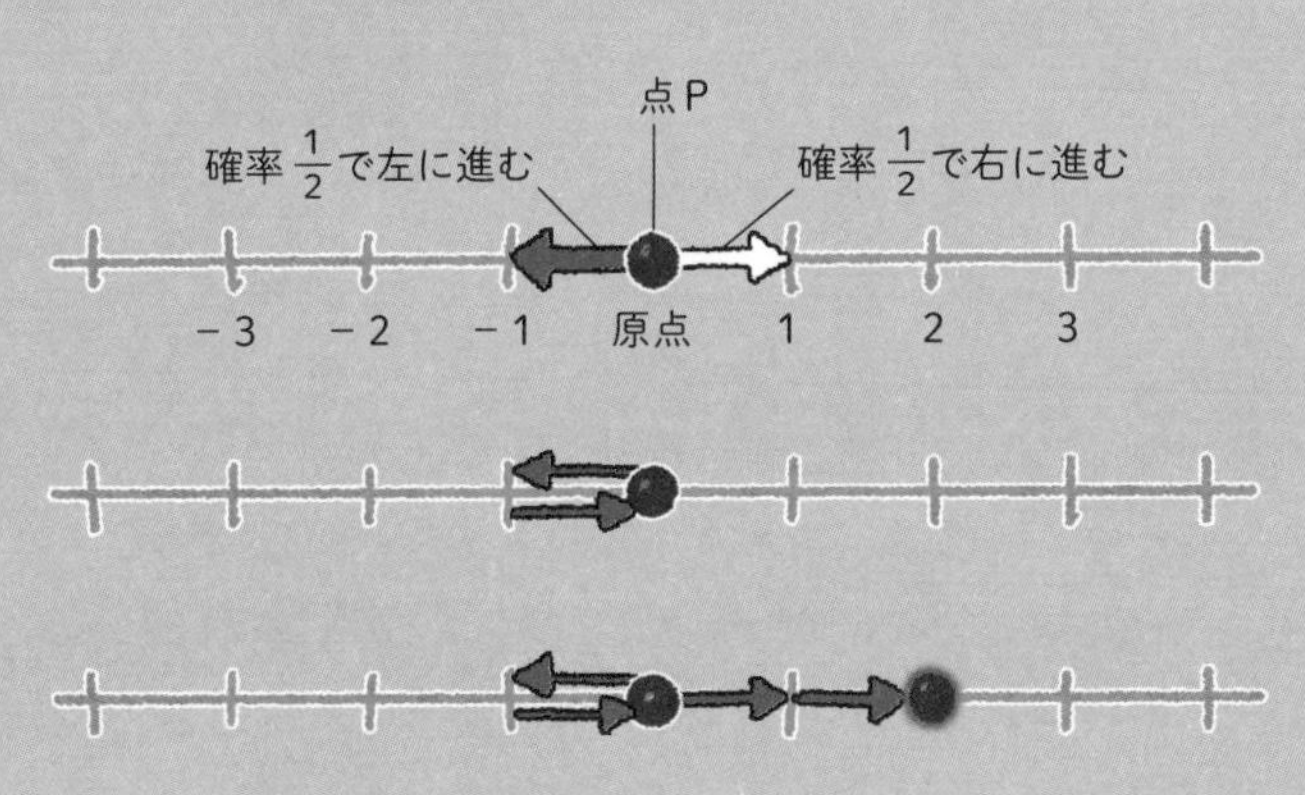

B. 2次元のランダムウォーク

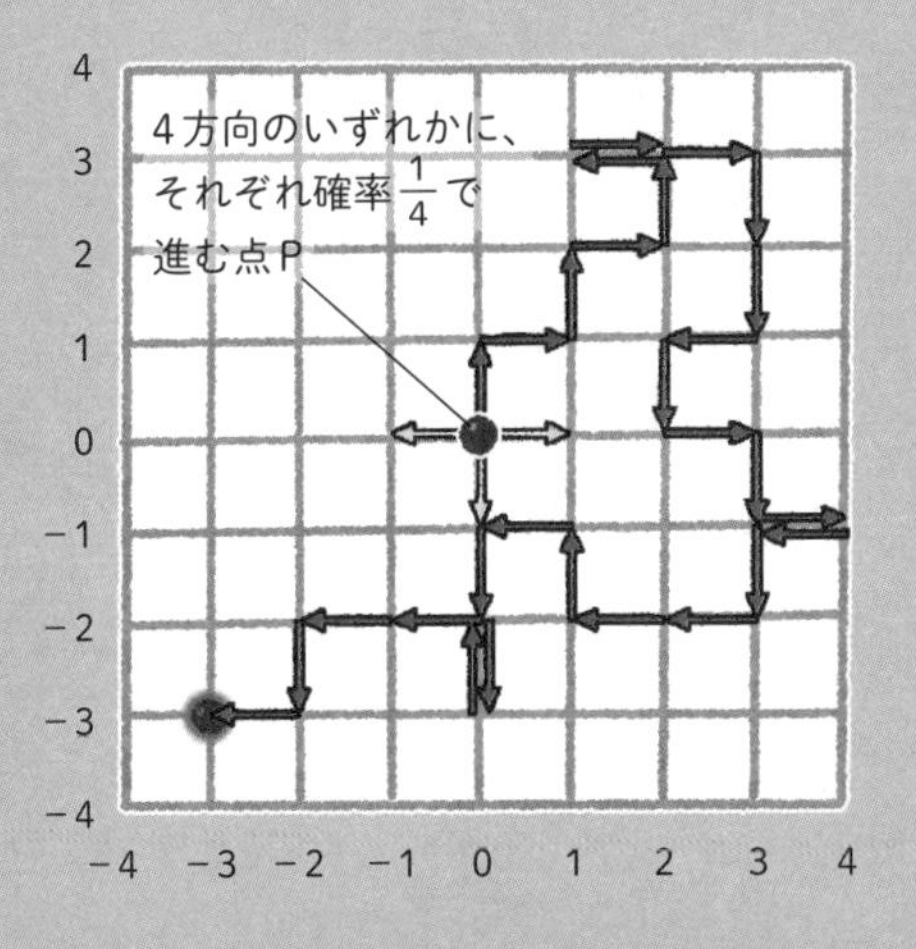

C. 3次元のランダムウォーク

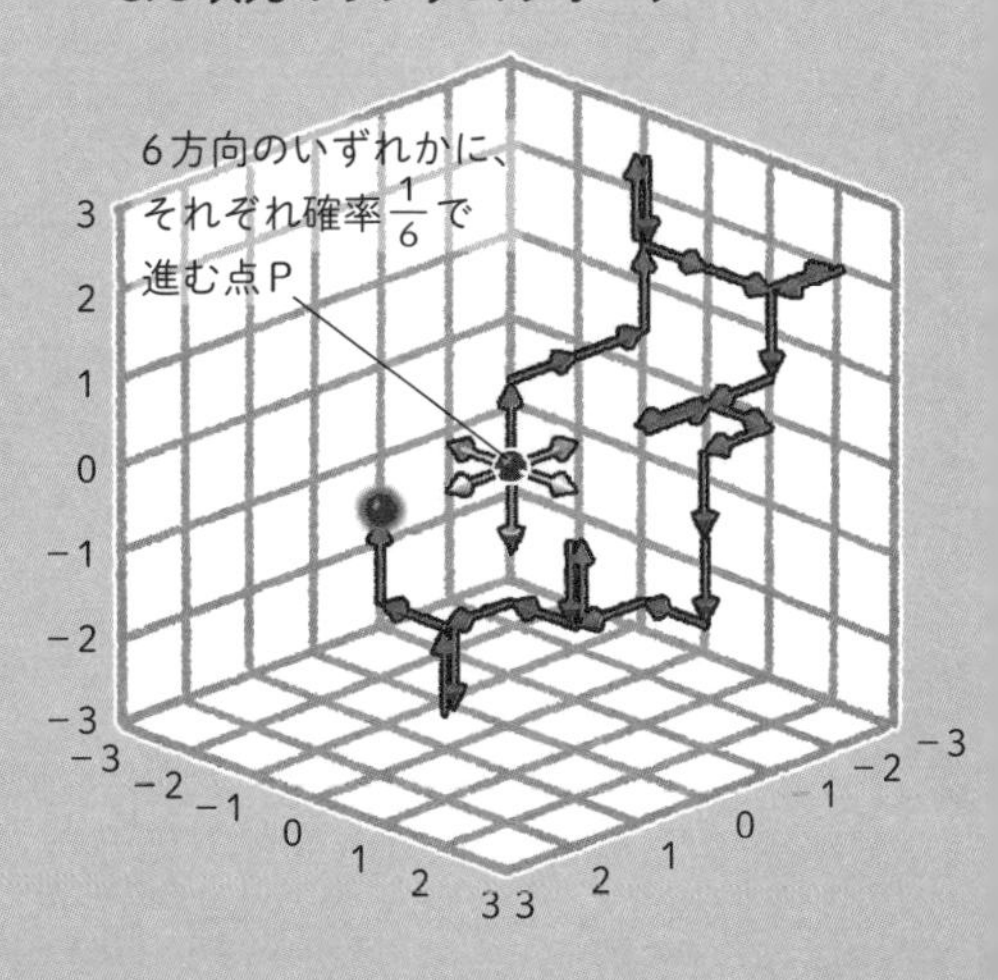

確率論以外の、カルダノの功績

　ギャンブル好きで、確率論の発展に貢献したカルダノは、他の数学の分野でも業績を残しています。**業績の一つは、3次方程式の解の公式を世に知らしめたことです。**カルダノは、イタリアの数学者であるニコロ・タルタリア（１４９９～１５５７）から教わった公式に改良を加えて、１５４５年に出版した著書『アルス・マグナ（大いなる技法）』の中で発表しました。

　その『アルス・マグナ』には、「虚数」の概念が登場します。虚数とは、2乗してマイナスになる数です。**もう一つの業績は、虚数を使えば、どんな2次方程式にも答えが出せることをはじめて示したことです。**カルダノは虚数について、「実用上の使い道はない」としていました。しかし現代では、虚数は数学や物理学において、なくてはならない存在です。

　一方私生活では、カルダノはギャンブルで身をほろぼしました。最後には自分の死期を予言して、その正しさを証明するために断食し、予言通りの日に死んだと伝えられています。

予言通りの死
ギャンブル好きが高じたジローラモ・カルダノ
もう1回!!もう1回!!
ギャンブルにお金をつぎ込み、私生活はボロボロ……
お金がない
一方、占星術にも通じ、自らの死期を予言
私は★月●日に死ぬだろう
死期が近づくと断食し、予言どおりの日に死んだと伝えられている……

09

確率のまとめ

確率のとくに重要な部分

最後に、確率のとくに重要な部分を、まとめて紹介します。「事象の確率」「乗法定理・加法定理」「余事象」「順列」「組み合わせ」「期待値」です。

確率論では、「おきうる事がら」のことを、「事象」といいます。事象Aがおきる確率は、記号Pを使って$P(A)$とあらわします。乗法定理・加法定理に使われている「∩（キャップ）」や「∪（カップ）」は、高校の数学の「集合」で習う記号です。

事象の確率

$$A\text{がおきる確率} = P(A) = \frac{A\text{がおきる場合の数}}{\text{おきうるすべての場合の数}}$$

乗法定理・加法定理

乗法定理 「AとBがともにおきる」という事象は、$A \cap B$（エーキャップビー）と書き、AとBが独立なとき、かけ算（積）であらわせます。

$$A\text{と}B\text{がともにおきる確率} = P(A \cap B) = P(A) \times P(B)$$

加法定理 AとBが同時におきないとき、「AとBの少なくとも一方がおきる」という事象は、$A \cup B$（エーカップビー）と書き、足し算（和）であらわせます。

$$A\text{と}B\text{の少なくとも一方がおきる確率} = P(A \cup B) = P(A) + P(B)$$

余事象

「Aがおきない」という事象を、Aの余事象といいます。Aの余事象は、Aの頭に横棒をつけて$\overline{A}$と書き、「エーバー」と読みます。Aの余事象の確率は$P(\overline{A})$と書き、1から$P(A)$を引くことで求められます。

Aの余事象の確率 $= P(\overline{A}) = 1 - P(A)$

順列

確率論では、n個の中からr個を選んで順番に並べるときの場合の数を「順列」といい、記号Pを使ってあらわします。

n個からr個を選んで並べる順列 $= {}_n\mathrm{P}_r = \dfrac{n!}{(n-r)!}$

組み合わせ

n個の中からr個を選ぶときの場合の数を「組み合わせ」といい、記号Cを使ってあらわします。順列とはことなり、順番は関係ありません。

n個からr個を選ぶ組み合わせ $= {}_n\mathrm{C}_r = \dfrac{n!}{r!(n-r)!}$

期待値

すべての事象1〜nについて、それぞれの事象がおきたときに得られる値（x_1〜x_n）と、それぞれの事象がおきる確率（p_1〜p_n）をかけ算して、すべて足したものが「期待値」です。

期待値 $= x_1 \times p_1 + x_2 \times p_2 + x_3 \times p_3 + \cdots\cdots + x_n \times p_n$

プレミアム第4弾!!

ニュートン式 超図解 最強に面白い!! プレミアム

対数

A5判・160ページ　1180円（税込）

10を何回くりかえしかけ算すると、1000になるでしょうか？　答えは3回です。「対数」とはこのように、「同じ数のかけ算をくりかえす回数」です。対数は、高校の数学の授業で登場して、たくさんの高校生を苦しめているようです。

対数は、今から約400年前の大航海時代に生まれました。GPSなどなかった当時、船の正確な位置を知るためには、膨大な計算が必要でした。また、天動説から地動説への転換がおきていた時代でもあり、天文学の研究でも、複雑な計算がなされていました。そこで、複雑な計算を簡単にする魔法の道具として、対数が生みだされたのです。

本書は、2019年7月に発売された、最強に面白い!!『対数』の、プレミアム版です。本文が縦書きになって、さらに読みやすくなりました。また、ページ数が160ページにふえて、内容がさらに充実しました。対数が誕生した歴史や、対数の考え方を、〝最強に〟面白く紹介します。ぜひご一読ください！

余分な知識満載だツムリ！

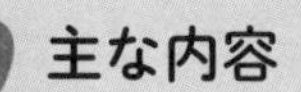

主な内容

対数を理解するための指数

毎日１％成長したら，１年後にはマラソンも走れる！

海の明るさは，深くなるほど暗くなる　ほか

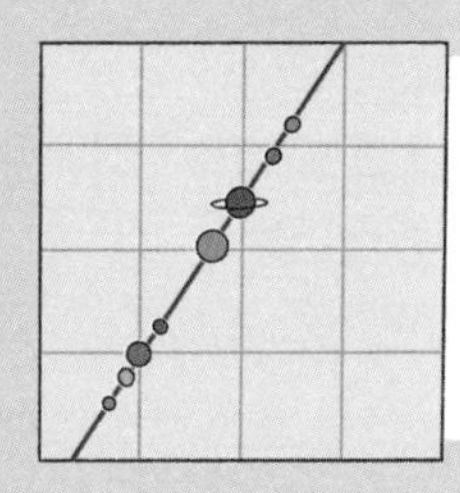

対数と指数は同じものだった！

対数は，天文学者と船乗りを救った

対数を利用した「計算尺」が世界を支えた！　ほか

指数と対数の計算法則

かけ算の対数は、対数の足し算に変換できる

対数の計算をしてみよう！　ほか

計算尺と対数表を使って計算しよう！

対数目盛が，計算尺のカギだった！

常用対数表を使えば、むずかしい計算も簡単に　ほか

特別な数「e」を使う自然対数

金利の計算からみつかった不思議な数「e」

オイラーは，対数からeにたどり着いた　ほか

Staff

Editorial Management	中村真哉
Editorial Staff	井手 亮
Cover Design	田久保純子
Editorial Cooperation	高宮宏之

Illustration

表紙カバー	羽田野乃花さんのイラストを元に、岡田悠梨乃が作成、羽田野乃花
表紙	羽田野乃花さんのイラストを元に、岡田悠梨乃が作成、羽田野乃花
3	羽田野乃花
4	羽田野乃花
5	岡田悠梨乃、比護 寛さんのイラストを元に、Newton Press が作成
6	羽田野乃花
7	岡田悠梨乃
11~15	羽田野乃花
17	岡田悠梨乃
19	羽田野乃花
21	岡田悠梨乃
23~33	羽田野乃花
35	Newton Press
37	岡田悠梨乃
39~44	羽田野乃花
47	Newton Press
49	羽田野乃花
51	Newton Press、羽田野乃花
53~64	羽田野乃花
67	岡田悠梨乃
69	Newton Press、羽田野乃花
71	Newton Press
73	羽田野乃花
75	Newton Press
76	羽田野乃花
77	比護 寛さんのイラストを元に、Newton Press が作成
79	比護 寛さんのイラストを元に、Newton Press が作成、羽田野乃花
81	羽田野乃花
82	比護 寛さんのイラストを元に、Newton Press が作成
85	羽田野乃花
87~89	Newton Press
91	羽田野乃花
93	羽田野乃花、Newton Press
95	岡田悠梨乃
96~100	羽田野乃花
105~107	岡田悠梨乃
109	羽田野乃花
111~113	岡田悠梨乃
115	Newton Press
117~123	羽田野乃花
125~129	Newton Press
131	Newton Press、羽田野乃花
132	岡田悠梨乃
135~137	Newton Press
139~140	羽田野乃花
140-141	Newton Press
143~145	岡田悠梨乃
149	Newton Press
151~153	岡田悠梨乃
155	羽田野乃花

監修（敬称略）：
今野紀雄（横浜国立大学大学院工学研究院教授）

本書は主に、Newton 別冊『確率に強くなる』とNewton 2019年4月号の
特集記事「わかる！役立つ！ 統計と確率」を再編集し、大幅に加筆したものです。

初出記事へのご協力者（敬称略）：
今野紀雄（横浜国立大学大学院工学研究院教授）
友野典男（明治大学大学院情報コミュニケーション研究科兼任講師）
藤田岳彦（中央大学理工学部教授）

ニュートン式 超図解 最強に面白い!! プレミアム

確率

2023年3月15日発行

発行人　高森康雄
編集人　中村真哉
発行所　株式会社 ニュートンプレス　〒112-0012 東京都文京区大塚3-11-6
https://www.newtonpress.co.jp/

ISBN978-4-315-52674-5